高等职业教育机电类专业教学改革系列教材

焊接技术基础

主　编　沈言锦

副主编　陈学永　杨明鄂　刘　奇

参　编　朱旭晖　谢冬和　何俊艺

主　审　尹子中

机械工业出版社

本书面向机械类非焊接专业的学生，较为全面地介绍了焊接的基础理论。全书共 7 章，包括：电弧焊的基础知识、焊条电弧焊、埋弧焊、气体保护电弧焊、其他焊接方法及切割方法、异种金属焊接、焊接质量检验。

本书可供高职院校机械大类专业学生使用，也可供机械、造船等专业师生和工程技术人员参考。

图书在版编目（CIP）数据

焊接技术基础/沈言锦主编. —北京：机械工业出版社，2018.9
（2025.1 重印）
高等职业教育机电类专业教学改革系列教材
ISBN 978-7-111-60999-5

Ⅰ.①焊…　Ⅱ.①沈…　Ⅲ.①焊接-高等职业教育-教材　Ⅳ.①TG4

中国版本图书馆 CIP 数据核字（2018）第 219794 号

机械工业出版社（北京市百万庄大街 22 号　邮政编码 100037）
策划编辑：赵志鹏　责任编辑：赵志鹏　张丹丹
责任校对：杜雨霏　封面设计：鞠　杨
责任印制：张　博
北京雁林吉兆印刷有限公司印刷
2025 年 1 月第 1 版第 6 次印刷
184mm×260mm · 10 印张 · 239 千字
标准书号：ISBN 978-7-111-60999-5
定价：33.00 元

电话服务　　　　　　　　　　　　网络服务
客服电话：010-88361066　　　　机 工 官 网：www.cmpbook.com
　　　　　010-88379833　　　　机 工 官 博：weibo.com/cmp1952
　　　　　010-68326294　　　　金 书 网：www.golden-book.com
封底无防伪标均为盗版　　　　机工教育服务网：www.cmpedu.com

前　言

　　焊接是指通过适当的物理、化学过程使两个分离的固态物体产生原子（分子）间的结合力而连接成一体的连接方法。被连接的两个物体可以是各种同类或不同类的金属、非金属，也可以是一种金属与一种非金属。由于金属的连接在现代工业中具有很重要的实际意义，因此，狭义地说，焊接通常就是指金属的焊接。

　　一个国家的焊接技术发展水平是其工业和科学技术现代化发展水平的一个重要标志。如今的焊接技术不仅是一种现代化了的传统加工技术，而且已发展成为一种将材料永久连接，并使焊接接头具有给定功能的先进制造技术。国民经济的诸多行业都需要焊接技术。几乎所有的产品，从几十万吨级的巨型轮船到不足1g的微型电子元器件，在生产过程中都不同程度地依赖着焊接技术。焊接技术已经渗透到了制造业的各个领域，焊接与金属切削加工、压力加工、铸造、热处理等其他方法一起构成的金属加工技术已成为汽车、船舶、飞机、航天、原子能、石油、化工、电子等行业的基本生产手段，并直接影响着产品的质量、可靠性、寿命，生产的成本、效率以及市场的反应速度。

　　作为机械类专业的学生，有必要掌握一定的焊接技术知识，基于此，本书提供了焊接的基本知识，具体包括电弧焊的基础知识、焊条电弧焊、埋弧焊、气体保护电弧焊。其他焊接方法及切割方法、异种金属焊接、焊接质量检验。

　　本书由湖南汽车工程职业学院沈言锦担任主编，长沙中建五局陈学永、湖南汽车工程职业学院杨明郾、湖南人社厅刘奇担任副主编。朱旭晖、谢冬和与何俊艺参与编写。本书由湖南汽车工程职业学院焊接专任教师尹子中主审。

　　本书在编写过程中参考了有关作者的教材与文献，并得到了参编院校各级领导和同行的帮助，在此一并表示感谢！

　　由于编者水平有限，疏漏和错误之处在所难免，敬请读者批评指正。

编　者

目　录

绪　　论

焊接是指通过加热或加压，或两者并用，并且用或不用填充材料，使焊件达到结合的一种方法。其本质就是通过适当的物理、化学过程，使两个分离焊件表面的原子接近到晶格距离而形成结合力。这里的物理化学过程，包括加热和加压两大类。

现在生产中的连接方法主要有可拆连接和不可拆连接两类。可拆连接有：螺纹连接、键连接和销连接等。不可拆连接有：铆接、焊接和粘接等。

相比而言，焊接方法优点有很多：①结构强度高；②工艺简单；③加工成本低。

根据焊接过程特点，可将焊接方法分为熔焊、压焊和钎焊三大类，见表0-1。

表 0-1　焊接分类法

第一层次（根据母材是否熔化）	第二层次	第三层次	第四层次	代号	是否易于实现自动化
熔焊	电弧焊	熔化极电弧焊	焊条电弧焊	111	△
			埋弧焊	121	○
			熔化极气体保护焊（GMAW焊）	131	○
			CO_2焊	135	○
			螺柱焊		△
		非熔化极电弧焊	钨极氩弧焊（GTAW焊）	141	○
			等离子弧焊	15	○
			原子氢焊		△
	气焊	氧氢焊		311	△
		氧乙炔焊			△
		空气乙炔焊			△
		氧丙烷焊			△
		空气丙烷焊			△
	铝热焊				△
	电渣焊			72	○
	电子束焊	高真空电子束焊			○
		低真空电子束焊		76	○
		非真空电子束焊			○
	激光焊	CO_2激光焊		751	○
		YAG激光焊			○
	电阻点焊			21	○
	电阻焊缝			22	○

（续）

第一层次 （根据母材 是否熔化）	第二层次	第三层次	第四层次	代号	是否易于实现自动化
压焊	闪光对焊			24	
	电阻对焊			25	○
	冷压焊				△
	超声波焊			41	○
	爆炸焊			441	△
	锻焊				△
	扩散焊			45	△
	摩擦焊			42	○
钎焊	火焰钎焊			912	△
	感应钎焊				△
	炉中钎焊	空气炉钎焊			△
		气体保护炉钎焊			△
		真空炉钎焊			△
	盐浴钎焊				△
	超声波软钎焊				△
	电阻钎焊				△
	金属浴钎焊				△
	放热反应钎焊				△
	红外钎焊				△
	电子束钎焊				△

注：○易于实现自动化，△难以实现自动化。

（1）熔焊　将待焊处的母材金属熔化以形成焊缝的焊接方法称为熔焊。常见的熔焊有电弧焊、气焊、电渣焊、铝热焊、电子束焊和激光焊等。

（2）压焊　焊接过程中，必须对焊件施加压力，以完成焊接的方法称为压焊。常见的压焊有电阻对焊、摩擦焊、超声波焊、扩散焊、冷压焊、爆炸焊和锻焊等。

（3）钎焊　采用比母材熔点低的金属材料作为钎料，将焊件和钎料加热到高于钎料熔点、低于母材熔点的温度，利用液态钎料润湿母材，填充接头间隙并与母材相互扩散实现连接焊件的焊接方法称为钎焊。常见的钎焊有火焰钎焊、感应钎焊、电阻钎焊、盐浴钎焊和电子束钎焊等。

19世纪末之前，唯一的焊接工艺是铁匠沿用了数百年的金属锻焊。最早的现代焊接技术出现在19世纪末，先是电阻焊，稍后出现了焊条电弧焊和氧乙炔焊。20世纪早期，第一次世界大战和第二次世界大战中对军用设备的需求量很大，与之相应的廉价可靠的金属连接工艺受到重视，进而促进了焊接技术的发展。战后，先后出现了几种现代焊接技术，包括目前最流行的焊条电弧焊，以及诸如熔化极惰性气体保护电弧焊、埋弧焊（潜弧焊）、药芯焊丝电弧焊和电渣焊这样的自动或半自动焊接技术。20世纪下半叶，焊接技术的发展日新月异，激光焊接和电子束焊接被开发出来。今天，焊接机器人在工业生产中得到了广泛的应用；研究人员仍在深入研究焊接的本质，继续开发新的焊接方法，并进一步提高焊接质量。

焊接方法的发展史见表 0-2。

表 0-2　焊接方法的发展史

焊接方法	英文缩写	发明国	发明年份
电阻焊	RW	美国	1886～1900
氧乙炔焊	OAW	法国	1900
铝热焊	TW	德国	1900
焊条电弧焊	MMA,SMAW	瑞典	1907
电渣焊	ESW	俄国,苏联	1908～1950
等离子弧焊	PAW	德国,美国	1909～1953
钨极惰性气体保护电弧焊	TIG,GTAW	美国	1920～1941
药芯焊丝电弧焊	FCAW	美国	1926
螺柱焊	SW	美国	1930
熔化极惰性气体保护焊	MIG	美国	1930～1948
埋弧焊	SAW	美国	1930
CO_2 气体保护焊	MAG	苏联	1953
电子束焊	EBW	苏联	1956
激光焊	LBW	英国	1970
搅拌摩擦焊	FSW	英国	1991

第1章　电弧焊的基础知识

1.1　焊接电弧基础

1.1.1　焊接电弧的物理基础

1. 焊接电弧产生的机理

（1）电弧的概念　电弧是带电粒子通过两电极之间气体空间的一种导电过程，它是在具有一定电压的两电极之间的气体介质中所产生的一种电流最大、电压最低、温度最高、发光最强的持续放电现象，如图1-1所示。

一般情况下，气体是良好的绝缘体，其原子和分子都处于电中性状态。但是，若要使两电极之间的气体导电，必须具备两个条件：①两电极之间有电场；②两电极之间有带电粒子。因此，若采用一定的物理方法，改变两电极间气体粒子的电中性状态，使之产生带电荷的粒子，这些带电粒子在电场的作用下运动，即形成电流，使两极之间的气体空间成为导体，从而产生气体放电。

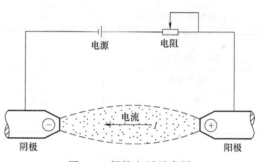

图1-1　焊接电弧示意图

气体放电随电流强弱而有不同的形式，主要有暗放电、辉光放电和电弧放电等。电弧放电的主要特点就是上述所说的电流最大、电压最低、温度最高、发光最强。

（2）两电极之间的电场分布　在两电极之间产生电弧放电时，沿电弧长度方向的电场强度（电压降）分布如图1-2所示。沿电弧长度的方向上，电场强度分布并不均匀。按照电场强度分布特点，一般将电弧分为三个区域：

1）阴极区。阴极附近的区域为阴极区，其电压 U_k 称为阴极电压降。

2）弧柱区。中间部分为弧柱区，其电压 U_c 称为弧柱电压降。

3）阳极区。阳极附近的区域为阳极区，其电压 U_a 称为阳极电压降。

阴极区和阳极区占整个电弧长度的尺寸都很小，约为 $10^{-6} \sim 10^{-2}$ cm，因此，可近似认为弧柱长度为电弧长度。

在研究电弧特性时，要注意以下两点：

1）电弧的这种不均匀的电场强度分布，说明了电弧区域的电阻是不同的，即电弧电阻是非线性的。

2）电弧作为导体，不同于金属导体，金属导体是通过金属内部自由电子的定向移动形成电流，而电弧导电时，电弧气氛中的正离子、负离子、电子都参与导电，过程更为复杂。

（3）电弧中带电粒子的产生　电弧两极间带电粒子的来源有：气体的电离、阴极电子发射、负离子形成等。其中，气体的电离与阴极电子发射是电弧中产生带电粒子的两个基本物理过程。

1）气体的电离。

① 电离的概念。在外加能量作用下，使中性的气体分子或原子分离成电子和正离子的过程称为气体的电离。电离的本质是中性气体粒子（原子或分子）吸收足够的外部能量，使得原子或分子中的电子脱离原子核的束缚而成为自由电子和正离子的过程。

② 电离能的概念。中性气体粒子电离时所需要的能量称为电离能。一般情况下，中性气体粒子失去第一个电子所需的最小外加能量称为第一电离能，失去第二个电子所需的能量称为第二电离能，依次类推。

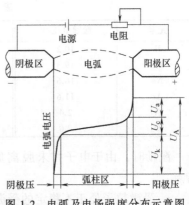

图 1-2 电弧及电场强度分布示意图

电弧焊中，气体粒子的电离现象一般是指一次电离，电离能通常以电子伏（eV）为单位。1eV 是指 1 个电子通过电位差为 1V 的两点所需做的功，其数值为 1.6×10^{-19} J。

为便于计算，常把以电子伏为单位的能量转换为数值上相等的电离电压来表示，电弧气氛中，常见气体粒子的电离电压见表 1-1。

表 1-1 常见气体粒子的电离电压

气体粒子	电离电压/V	气体粒子	电离电压/V
H	13.5	W	8.0
He	24.5(54.2)	H_2	15.4
Li	5.4(75.3,122)	C_2	12
C	11.3(24.4,48,65,4)	Na	15.5
N	14.5(29.5,47,73,97)	O_2	12.2
O	13.5(35,55,77)	Cl_2	13
F	17.4(35,63,87,114)	CO	14.1
Na	5.1(47,50,72)	NO	9.5
Cl	13(22.5,40,47,68)	OH	13.8
Ar	15.7(28,41)	H_2O	12.6
K	4.3(32,47)	CO_2	13.7
Ca	6.1(12,51,67)	NO_2	11
Ni	7.6(18)	Al	5.96
Cr	7.7(20,30)	Mg	7.61
Mo	7.4	Ti	6.81
Cs	3.9(33,35,51,58)	Cu	7.68
Fe	7.9(16,30)		

注：括号内的数依次为二次、三次……电离电压。

气体粒子电离电压的大小标志着在电弧气氛中产生带电粒子的难易程度。电离电压低，表示带电粒子容易产生，有利于导电；反之，电离电压高，表示带电粒子不易产生，不利于导电。因此，电离电压低的气体介质提供带电粒子容易，是引弧和稳弧的有利条件之一。

③ 激励及激励能。当中性气体粒子受外加能量而不能电离时，其内部的电子可能从原来的能量级跃迁到较高的能量级，这种现象称为激励。

使中性粒子激励所需要的最低外加能量称为激励能，若以伏为单位来表示，则称为激励电压，常见气体粒子的激励电压见表 1-2。

表 1-2　常见气体粒子的激励电压

元素	激励电压/V	元素	激励电压/V	元素	激励电压/V
H	10.2	K	1.6	CO	6.2
He	19.3	Fe	4.43	CO_2	3.0
Ne	16.6	Cu	1.4	H_2O	7.6
Ar	11.6	H_2	7.0	Cs	1.4
N	2.4	N_2	6.3	Ca	1.9
O	2.0	O_2	7.9		

激励时，由于电子并未脱离原子的束缚，所以受激粒子仍呈中性。受激粒子有两大特点：

a. 受激粒子处于不稳定的受激状态，但处于激励状态的时间极短，一般为 $10^{-8} \sim 10^{-2}$ s。

b. 受激粒子有自发地恢复到常态的趋势，将自己的能量以辐射光的形式释放出来，表现为辐射光，或继续受到外加能量而产生电离。

在研究气体电离的过程中，需注意以下几点：

① 任何中性气体粒子，在一定外加能量的作用下，都会产生激励与电离，电弧气氛中激励与电离往往同时存在。

② 外加能量可以通过不同方式作用于中性气体粒子，但使之激励与电离所必需的最低能量数值是固定的，并不因为施加能量方式的不同而改变。

③ 当电弧空间同时存在电离电压（或激励电压）不同的几种气体时，在外加能量的作用下，电离电压（或激励电压）较低的气体粒子将先被电离（或激励）。如果这种气体供应充足，则电弧空间的带电粒子将主要由这种气体的电离来提供，所需要的外加能量也主要取决于这种较低的电离电压，因而为提供电弧导电所要求的外加能量也较低。

④ 电离种类。根据外加能量来源的不同，气体电离通常分为热电离、场致电离和光电离三种类型。

a. 热电离。气体粒子因受到热的作用而发生的电离称为热电离。热电离的实质是由于气体粒子的热运动形成频繁而激烈的碰撞产生的一种电离过程。

电弧中带电粒子的多少对电弧的稳定性非常重要。单位体积内电离的粒子数与气体电离前粒子总数的比值称为电离度，一般用 x 表示，即

$$x = 电离后的中性粒子密度/电离前的中性粒子密度$$

电离度与温度、气体压力及气体的电离电压有关。随着温度的升高、气体压力的减小及电离电压的降低，电离度随之增加，电弧中带电粒子数增加，电弧的稳定性增强。电离度 x 与温度 T 之间的关系如图 1-3 所示。

b. 场致电离。当气体空间有电场作用时，则带电粒子除了做无规则的热运动外，还产生一个受电场影响的定向加速运动，而将电场给予的电能转换为动能。当带电粒子的动能在电场的影响下增加到足够的数值时，则可能与中性粒子发生非弹性碰撞而使之电离，这种在电

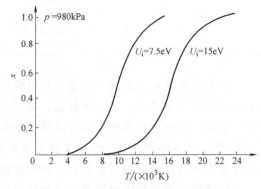

图 1-3　电离度 x 与温度 T 之间的关系

场的作用下产生的电离称为场致电离。

在普通焊接电弧中，弧柱的温度一般在 5000~30000K 之间，而电场强度仅为 10V/cm 左右，所以在弧柱区热电离是产生带电粒子的主要途径，电场作用下的电离则是次要的。在电弧的阴极区和阳极区，电场强度可达 $10^5 \sim 10^7 \text{V/cm}$，远高于弧柱区，因而会产生显著的场致电离现象。

由以上分析可知，热电离和场致电离在本质上都属于碰撞电离。在碰撞过程中，由于电子质量远小于其他气体粒子，速度快，动能大，因而当其与中性气体粒子碰撞时，几乎可以将其全部动能传递给中性粒子，而转化为中性粒子的内能（这种碰撞称为非弹性碰撞），使中性粒子电离或激励。因此，电弧中通过碰撞传递能量使中性气体粒子电离的过程中电子的作用是主要的。

c. 光电离。中性气体粒子受到光辐射的作用而产生的电离称为光电离。

焊接电弧的光辐射只可能对 Na、K、Ca、Al 等金属蒸气直接引起光电离，而对焊接电弧气氛中的其他气体则不能直接引起光电离。因此，光电离只是电弧中产生带电粒子的一种次要途径。

2) 阴极电子发射。在电弧焊中，电弧气氛中的带电粒子一方面由电离产生，另一方面则由阴极电子发射获得。两者都是电弧产生和维持不可缺少的必要条件。由于从阴极发射的电子，在电场的加速下碰撞电弧导电空间中的中性气体粒子，而使之电离，这样就使阴极电子发射充当了维持电弧导电的"原电子之源"。因此，阴极电子发射在电弧导电过程中起着非常重要的作用。

① 电子发射与逸出功。阴极中的自由电子受到一定的外加能量作用时，从阴极表面逸出的过程称为电子发射。电子从阴极表面逸出需要能量，1 个电子从金属表面逸出所需要的最低外加能量称为逸出功（A_W），单位是 eV。因电子电量为常数 e，故常用逸出电压 U_W 来表示，$U_W = A_W/e$，单位为 V。逸出功的大小受电极材料种类及表面状态的影响。当金属表面存在氧化物时，逸出功将会降低，几种金属材料的逸出功见表 1-3。

表 1-3　几种金属材料的逸出功

金属种类		W		Fe	Al	Cu	K	Ca	Mg
逸出功/V	纯金属	4.54		4.48	4.25	4.36	2.02	2.12	3.78
	表面有氧化物	2.63 (W-Th 合金)	2.70 (W-Ce 合金)	3.92	3.9	3.85	0.46	1.8	3.31

② 阴极斑点。阴极表面通常可以观察到发出烁亮的区域，这个区域称为阴极斑点，它是发射电子最集中的区域，即电流最集中流过的区域。

阴极斑点的形态与阴极的类型有关：

a. 当采用钨或碳作为阴极材料时（通常称为热阴极），其斑点是固定不动的。

b. 当采用钢、铜、铝等材料时（通常称为冷阴极），其斑点在阴极表面做不规则的游动，甚至可观察到几个斑点同时存在。

由于金属氧化物的逸出功比纯金属低，因而氧化物处容易发射电子。氧化物发射电子的同时自身被破坏，因而，阴极斑点有清除氧化物的作用。阴极表面某处氧化物被清除后，另一处氧化物就成为集中发射电子的所在。于是，斑点游动，寻找在一定条件下最容易发射电子的氧化物。

如果电弧在惰性气体中燃烧，阴极上某处氧化物被清除后，不再生产新的氧化物，阴极斑点移向有氧化物的地方，接着又将该处氧化物清除，这样就会在阴极表面的一定区域内将氧化物清除干净，显露出金属本色，这种现象称为"阴极清理"或"阴极破碎"作用。

③ 电子发射的类型。根据外加能量形式的不同，电子发射分为热发射、场致发射、光发射、粒子碰撞发射四种类型。

a. 热发射。阴极表面因受到热的作用，而使其内部的自由电子热运动速度加快，动能增加，一部分电子动能达到或超出逸出功时产生的电子发射现象称为热发射。

热发射的强弱受材料沸点的影响。当采用高沸点的钨或碳作为阴极时（其沸点分别为5950K 和 4200K），电极可被加热到很高的温度（一般可达 3500K 以上），此时，通过热发射可为电弧提供足够的电子。

b. 场致发射。当阴极表面空间存在一定强度的正电场时，阴极内部的电子将受到电场力的作用，当此力达到一定程度时，电子便会逸出阴极表面，这种电子发射现象称为场致发射。

当采用钢、铜、铝等低沸点材料（其沸点分别为 3013K、2868K 和 2770K）作为阴极时，阴极加热温度受材料沸点限制不可能提高，热发射能力减弱，此时向电弧提供电子的主要方式是场致发射。

实际上，电弧焊时，纯粹的场致发射是不存在的，只不过是在采用冷阴极时，以场致发射为主，热发射为辅。

c. 光发射。当阴极表面受到光辐射作用时，阴极内部的自由电子能量达到一定程度而逸出阴极表面的现象称为光发射。光发射在阴极电子发射中居次要地位。

d. 粒子碰撞发射。电弧中，高速运动的粒子（主要是正离子）碰撞阴极时，把能量传递给阴极表面的电子，使电子能量增加而逸出阴极表面，这种现象称为粒子碰撞发射。

焊接电弧中，阴极区有大量的正离子聚集，正离子在阴极区电场的作用下被加速，获得较大动能，撞击阴极表面形成碰撞发射。在一定条件下，这种电子发射形式也是焊接电弧阴极区提供导电所需要带电粒子的主要途径之一。

在实际焊接过程中，上述几种电子发射形式常常是同时存在，相互促进，相互补充的。不过在不同条件下，所起的作用各不相同。

(4) 电弧中带电粒子的消失　电弧导电过程中，在产生带电粒子的同时，伴随着带电粒子的消失过程。在电弧稳定燃烧时，二者是处于动态平衡的。带电粒子在电弧空间的消失主要有扩散、复合两种形式以及与电子结合成负离子等过程。

1) 扩散。电弧空间中如果带电粒子的分布不均匀，则带电粒子将从密度高的地方向密度低的地方迁移，而使密度趋于均匀，这种现象称为带电粒子的扩散。

带电粒子的扩散，具有以下几个特点：

① 焊接电弧中，弧柱中心部位比周边温度高，带电粒子密度大，因而这种扩散总是从弧柱中心向周边扩散。

② 各种带电粒子中，电子的质量最小，运动速度最快，因此，电子的扩散速度比其他粒子高，容易扩散到电弧周边。

③ 当电弧周边的电子密度增加后，将阻碍电子的继续扩散，这时由于正负电荷的吸引

作用，又促使正离子向电弧周边扩散。这种扩散的结果，不仅使弧柱中心带电粒子数减少，还将中心的一部分热量带到电弧周边。为保持电弧的稳定燃烧，电弧本身必须再多产生一部分带电粒子和热量来弥补上述损失。

2）复合。电弧空间的正负带电粒子（正离子、负离子、电子）在一定条件下相遇，进而结合成中性粒子的过程称为复合。

带电粒子的复合主要有以下特点：

① 复合主要是在电弧的周边进行。由于弧柱中心温度较高，所以粒子本身的热运动能量都很大，只能产生更多的带电粒子，不可能产生复合。在电弧周边温度较低，带电粒子数较少，弧柱中心的带电粒子会向周边扩散并降低能量，然后复合成中性粒子。

② 电子与正离子复合时，将以辐射和热能的形式释放出电能和各自的一部分动能。

③ 交流电弧焊时，电流为零的瞬间，电弧熄灭，电弧空间温度迅速降低，这时会产生带电粒子的大量复合，使电弧空间带电粒子减少，可能导致电弧复燃困难。

3）负离子的形成。在一定条件下，有些中性原子或分子能吸附电子而形成负离子。由于电弧周边温度较低，因而中性粒子易与从电弧中心扩散出来的动能较低的电子相遇而形成负离子。

中性粒子吸附电子而形成负离子时，其内能不是增加，而是减少，并且能量以热或辐射光的形式释放出来。减少的这部分能量称为中性粒子的电子亲和能。

电子亲和能大的元素，形成负离子的倾向大，由于大多数元素的电子亲和能较小，所以不易生成负离子。电弧中可能遇到的 F、Cl、O、OH、NO 等均具有一定的电子亲和能，都可能形成负离子。

负离子的产生，使得电弧空间的电子数量减少，导致电弧导电困难，电弧稳定性降低。负离子虽然所带电荷量和电子相等，但因其质量比电子大得多，运动速度低，易与正离子复合成中性粒子，故不能有效地担负转送电荷的任务。

2. 焊接电弧的构造

由图 1-2 可知，电弧分为三个区域：阴极区、阳极区、弧柱区。其中，弧柱区长度较长，电压降较小，说明阻抗较小，电场强度较低；两个极区沿长度方向尺寸较小，而电压降相对较大，可见其阻抗较大，电场强度较高。电弧的这种特性是由各区不同特性所决定的。

（1）弧柱区　在焊接过程中，弧柱区有以下几个特征：

1）弧柱温度因气体种类和电流大小不同，一般在 5000～50000K 范围内，因此，弧柱气体将产生以热电离为主的导电现象。由热电离产生的带电粒子（电子和离子）在外加电场作用下对阳极区和阴极区产生的粒子流予以补充，从而保证弧柱带电粒子的动态平衡。

2）从整体上看，弧柱呈电中性，因此，电子流和粒子流通过弧柱时，不受空间电荷电场的排斥作用，从而决定了电弧放电具有大电流、低电压的特点（电压降可为几伏，电流可达上千安培）。

3）弧柱区的温度与电极材料无关，主要取决于弧柱区气体介质和焊接电流的大小。焊接电流越大，弧柱区温度越高。弧柱区放出的热量占总热量的 21% 左右。

（2）阴极区　阴极区的作用是向弧柱区提供所需要的电子流，接收由弧柱区送来的正离子流。阴极区的阴极斑点是阴极表面温度最高的位置，阴极区的温度一般为 2800～3800K，放出的热量占总热量的 36% 左右。

（3）阳极区　阳极区的作用是接收由弧柱流过来的电子流和向弧柱提供所需要的正离子流。阳极区具有以下几个特征：

1）阳极区接收电子的过程非常简单，每个电子到达阳极时，便向阳极释放相当于逸出功 W_W 的能量。

2）阳极不能直接发射正离子，正离子只能由阳极区供给。

3）阳极区的阳极表面也有光亮的斑点，它是电弧放电时，正电极表面接收电子的区域，称为阳极斑点。

4）阴极发射电子时，需消耗一定的能量，而阳极不发射电子，至于阴极和阳极的温度哪个更高一些，不仅与该区放出的热量有关，还受到材料的熔点、沸点和导热性等物理性能，以及电极的几何尺寸大小、周围散热条件等因素的影响，见表1-4。在相同的产热条件下，如果材料的沸点低、导热性好、电极的几何尺寸大，则该极区的温度低。反之，则该区的温度高。

表1-4　不同电极材料电弧温度分布　　　　　　（单位：K）

电极材料	气体介质	电极材料沸点	阴极温度	阳极温度
碳		4830	3500	4200
铁		3000	2400	2600
铜	空气	2595	2200	2450
镍		2730	2370	2450
钨		5930	3640	4250

5）阳极区的温度一般为 3100~4700K，放出的热量占总热量的43%左右。

3. 电弧的静特性

焊接电弧燃烧时，电弧两端的电压降与通过电弧的电流并不是成固定比例的，而是随焊接电流的变化而变化。在电极材料、气体介质、弧长一定的情况下，电弧稳定燃烧时，电弧电压和电弧电流之间的关系称为焊接电弧的静态伏安特性，简称伏安特性或静特性。

（1）电弧静特性曲线　焊接电弧是非线性电阻，当电弧电流从小到大在很大范围内变化时，焊接电弧的静特性近似 U 曲线，所以焊接电弧静特性曲线也称 U 形静特性曲线，如图1-4所示。U 形静特性曲线由三段（ab、bc、cd）组成。在 ab 段，电弧电压随电流的增加而下降，为下降特性段；在 bc 段，呈恒压特性，电弧电压不随电流的变化而变化，为平特性段；在 cd 段，电弧电压随电流的增加而上升，为上升特性段。

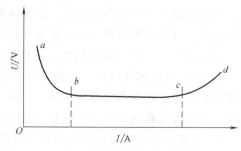

图1-4　电弧静特性曲线

（2）不同焊接方法的电弧静特性　采用不同的焊接方法时，电弧工作在静特性曲线的不同区段。常见焊接方法的工作区段如下。

1）焊条电弧焊。焊接时，焊接电流一般不超过 500A，电弧静特性曲线表现在下降特性段和水平特性段。

2）钨极惰性气体保护电弧焊。一般在小电流焊接时，其静特性为下降特性段；大电流焊接时，表现为平特性段。

3）埋弧焊。正常焊接时，为平特性段；大电流焊接时，表现为上升特性段。

4）熔化极气体保护电弧焊。因焊接电流大，其静特性为上升特性段。

（3）电弧静特性的影响因素

1）电弧长度的影响。由于电弧电压与电弧长度成正比，所以，随着电弧长度的增加，电弧静特性曲线平行上移，如图1-5所示。其中，L 为电弧长度，$L_1 > L_2 > L_3$。

2）介质种类的影响。不同的气体介质，由于具有不同的物理性能和电离能，因此，对弧柱电场强度的影响也不同，从而对电弧电压产生显著影响，进而改变电弧静特性曲线的位置。如：$Ar + 50\%\,H_2$（体积分数）混合气体的电弧电压比纯氩气的电弧电压高得多。

3）周围气体介质压力的影响。其他参数不变，气体介质压力的变化将引起电弧电压的变化，即引起电弧静特性的变化。气体压力越大，冷却作用就越强，弧压开得就越高。

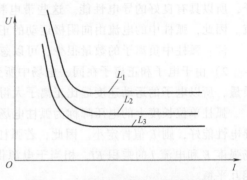

图1-5　电弧长度对静特性曲线的影响

4. 焊接电源极性

直流电源包括正极和负极。在焊接过程中，当焊件与直流电源的正极相接，而焊钳（焊条、焊丝）与直流电源的负极相接时，称为正极性或正接法。反之，为反极性或反接法，如图1-6所示。

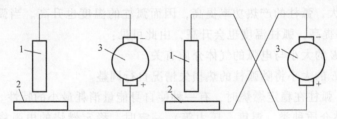

图1-6　焊接电源的极性
a）正极性　b）反极性
1—焊条；2—焊件；3—电源

焊接电源及极性的选择主要根据焊接材料的性质、焊件材料及所需的热量。焊条电弧焊使用酸性焊条焊接时，采用直流正接法焊接厚板，可以获得较大熔深，保证焊透；而采用直流反接法焊接薄板，可以防止烧穿；在使用碱性低氢型焊条时，通常采用直流反接法。直流反接法还可以减少氢气孔的产生。

1.1.2　焊接电弧的导电特性

焊接电弧的导电特性是指参与电荷的运动并形成电流的带电粒子在电弧中产生、运动和消失的过程。在焊接电弧区的弧柱区、阴极区、阳极区三个组成区域中，它们的导电特性各不相同。

1. 弧柱区的导电特性

由电弧构成可知：弧柱区的温度很高；正离子和电子空间密度相同，两者总的带电量相同，宏观上弧柱呈电中性。由此可知，弧柱是包含大量电子、正离子等带电粒子和中性粒子等聚合在一起的气体状态，这种状态又称为电弧等离子体。

弧柱区的导电特性主要有以下特点：

1）电弧等离子体虽然对外呈电中性，但由于其内部有大量的电子和正离子等带电粒子，所以具有良好的导电性能。这些带电粒子在电场的作用下运动，就形成了弧柱中的电流。因此，弧柱中的电流由向阴极运动的正离子和向阳极运动的电子流组成。

注：弧柱中负离子的数量很少，可以忽略不计。

2）由于电子和正离子在同一电场中所受的电场力相同，但电子的质量远小于正离子的质量，所以电子的运动速度远比正离子大得多，因此，弧柱中的电流主要由电子流组成。

弧柱单位长度上的电压降称为弧柱电场强度 E。E 的大小表征弧柱的导电性能，弧柱的导电性能好，则 E 值肯定小。因此，若弧柱中通过大电流时，电离度提高，E 值将减小。电场强度 E 和电流 I 的乘积 EI，相当于电源供给每单位弧长的电功率，它将与弧柱的热损伤相互平衡。

在弧柱导电过程中，弧柱电场强度 E 具有以下特点：

1）当电弧在 H_2、He 等气体介质中燃烧时，由于这些气体比空气轻，粒子运动速度大，带走的热量多，在电流一定时，为了平衡，就需要增加电弧单位长度的电功率，即必须增大 E 值。

2）多原子气体分解成单原子时，也要吸收热量，也会使 E 值变大。

I 一定，E 变大，弧柱的产热功率提高，因而弧柱的温度也升高。当弧柱外围有强迫气流冷却时，E 也将提高，弧柱温度也会升高，由此可见：

① 电场强度 E 的大小与电弧的气体介质有关。

② 电场强度 E 的大小将随弧柱的热损失情况自行调整。

由以上可知，弧柱在稳定燃烧时，有一种使自身能量消耗最小的特性。即当电流和电弧周围条件（如气体介质种类、温度、压力等）一定时，稳定燃烧的电弧将自动选择一个确定的导电截面，使电弧的能量消耗最小。当电弧长度也为定值时，电场强度的大小即代表了电弧产热量的大小，因此，能量消耗最小时的电场强度最低，即在固定弧长上的电压降最小，这就是最小电压原理。

电流和电弧周围条件一定时，如果电弧截面面积大于或小于其自动确定的截面，都会引起电场强度 E 增大，使消耗的能量增多，违反最小电压原理。原因如下：

1）当电弧截面面积增大时，电弧与周围介质的接触面增大，电弧向周围介质散失的热量增加，要求电弧产生更多的能量与之相平衡，即要求 EI 增加，但焊接电流 I 是一定的，所以只能增加电弧电场强度 E。

2）当电弧截面面积减小时，则在 I 一定的情况下，电流密度必然增加，导致 E 增大。因此，电弧自动确定一个截面，在这一界面下，使 EI 最小，即消耗的能量最小。

2. 阴极区的导电特性

阴极区是指靠近阴极的很小一个区域，在电弧中，它有两个方面的作用：一是向弧柱区提供电弧导电所需的电子流；二是接收弧柱传来的正离子流。由于电极材料种类及工作条件

（电流大小、气体介质等）不同，阴极区的导电形式和特性也不相同。

（1）热发射型　当采用热阴极且使用较大电流时，阴极区可加热到很高的温度，这时阴极主要靠热发射提供电子流来满足弧柱导电的需要。这种情况下，阴极斑点在电极表面十分稳定，其面积较大，且比较均匀，紧挨阴极表面的弧柱不呈收缩状态。阴极区的电流密度与弧柱区也相近，阴极区电压降很小。

热发射时电子从阴极表面带走的热量可以从两个途径得到补充：

1）正离子冲击阴极表面而将能量传递给阴极，并且正离子在阴极表面复合电子，释放出的电离能也使阴极加热。

2）电流流过阴极时产生的电阻热使阴极加热。

通过上述能量补充，可使阴极维持较高的温度，保证持续的热发射。大电流钨极氩弧焊时，这种热发射型导电占主导地位。

（2）电场发射型　当采用冷阴极或虽然采用热阴极但使用较小电流时，因为不可能加热到很高温度，不足以产生较强的热发射来提供弧柱导电所需的电子流，则在靠近阴极的区域，正电荷过剩而形成较强的正电场，并使阴极和弧柱之间形成一个正电荷区——阴极区。

正电场的存在，可使阴极产生场致发射，向弧柱提供所需要的电子流。同时，阴极发射出来的电子被加速，使其动能增加，在阴极区可能产生场致电离，场致电离产生的电子与阴极发射出来的电子结合在一起，构成弧柱所需的电子流，场致电离产生的正离子和弧柱传来的正离子，在电场作用下，一起奔向阴极，使得阴极区保持正离子过剩，出现正电性，维持场致发射。

此外，当这些正离子到达阴极时，将其动能转换为热能，对阴极的加热作用增强，使阴极的热发射作用增强，呈现热-场致发射，为弧柱提供足够的电子流。

这种形式的导电中，为了提高阴极区的电场强度，按照最小电压原理，阴极区将自动收缩截面，以提高正离子即正电荷的密度，维持阴极的电子发射能力。在小电流钨极氩弧焊和熔化极气电焊接时，这种场致发射型导电起主要作用。

在采用冷阴极或虽然采用热电极但使用电流较小的情况下，实际是热发射型与场致发射型两种阴极导电形式并存，而且相互补充和自动调节。

阴极区的电压降，主要取决于电极材料的种类、电流大小和气体介质的成分，一般在几伏至几十伏之间。当电极材料的沸点较高或逸出功较小时，热发射型导电的比例较大，阴极压降较小；反之，则场致发射型导电的比例较大，阴极压降也较大。电流较大时，一般热发射型导电的比例增大，阴极压降减小。

3. 阳极区的导电特性

阳极不能发射正离子，弧柱所需要的正离子流是由阳极区的电离提供的。由于条件不同，阳极区的导电形式有两种。

（1）阳极区的场致电离　当电弧电流较小时，阳极前面的电子数必将大于正离子数，形成负的空间电场，使阳极与弧柱之间形成一个负电荷区——阳极区。如果弧柱区的正离子得不到补充，这个负电场就继续增大。阳极区内的带电粒子被这个电场加速，使其在阳极区内与中性粒子碰撞产生场致电离，直到这种电离产生的正离子能够满足弧柱需要时，阳极区的电场强度才不再继续增大。电离生成的正离子流向弧柱，产生的电子流向阳极。这种导电方式中阳极区压降较大。

（2）阳极区的热电离　当电弧电流较大时，阳极的过热程度加剧，金属产生蒸发，阳极区温度也大大提高。阳极区内的电离方式使金属蒸气的热电离取代了高能量电子的碰撞产生的场致电离，完成阳极区向弧柱提供正离子流的作用。这种情况下，阳极区的压降降低。大电流钨极氩弧焊时属于这种阳极区导电形式。

1.1.3　焊接电弧的工艺特性

电弧焊以电弧为能源，主要利用其热能及机械能。焊接电弧与热能及机械能有关的工艺特性，主要包括电弧的热能特性及电弧的力学特性。

1. 电弧的热能特性

（1）电弧热的形成　电弧可以看作是一个把电能转换成热能的柔性导体，由于电弧三个区域的导电特性不同，因而产热特性也不同。

1）弧柱的产热。弧柱的产热具有以下几个特点：

① 弧柱是带电粒子的通道。在这个通道中，带电粒子在外加电场的作用下运动，电能转换为热能和动能。

② 在弧柱中，带电粒子并不是直接向两极运动，而是在频繁而激烈的碰撞过程中沿电场方向运动。这种碰撞是无规律的紊乱运动，可能是带电粒子之间的碰撞，也可能是带电粒子与中性粒子之间的碰撞。碰撞过程中，带电粒子达到高温状态，把电能转换成热能。

③ 由于质量上的差异，电子的运动速度比正离子大得多，因此，从电源吸取电能转换为热能的工作几乎完全由电子来承担，在弧柱中外加电能大部分将转换为热能。

④ 单位长度弧柱的电能为 EI，它的大小决定了弧柱产热量的大小。当弧柱处于稳定状态时，弧柱的产热与弧柱的热损失（对流、传导、辐射等）处于动态平衡。当电弧电流一定时，单位长度弧柱产热量由 E 决定，E 的数值按最小电压原理自行调节。I 一定，E 升高，则弧柱温度升高，焊接获得的热量也增加。根据这一特点，在实际焊接中，往往采取措施强迫冷却弧柱，使电弧截面面积减小，E 增大，从而获得能量更集中、温度更高的电弧。

⑤ 一般电弧焊时，弧柱损失的热能中对流损失占80%以上，传导与辐射损失约占10%，所以仅剩很少一部分能量通过辐射传给焊丝和焊件。

⑥ 当电流较大、有等离子产生时，等离子流可把弧柱产生的一部分热量带给焊件，从而增加焊件的热量。

2）阴极区的产热。阴极区的产热具有以下特点：

① 阴极区与弧柱区相比，长度很短，且靠近电极或焊件（由接线方法决定），所以直接影响焊丝的熔化或焊件的加热。

② 阴极区存在两种带电粒子：电子和正离子。这两种带电粒子不断产生、运动和消失，同时伴随着能量的转换与传递。

③ 由于弧柱中正离子流所占比例很小，可以认为它的产热对阴极区的影响很小，可忽略不计。影响阴极区能量状态的带电粒子全部在阴极区产生，并由阴极区提供足够数量的电子来满足弧柱导电的需要，因此，可以从这些电子在阴极区的能量平衡过程来分析阴极区的产热。

④ 阴极提供的电子流与总电流 I 相近，这些电子在阴极压降 U_K 的作用下逸出阴极，并被加速，获得的总能量为 IU_K；电子从阴极表面逸出时，将从阴极表面带走相当于逸出功的

能量，对阴极有冷却作用，这部分能量总和为 IU_W；并将带走与弧柱温度相应的热能，这部分热能总和为 IU_T（U_T 为弧柱温度的等效电压）。所以，阴极区总的产热功率 P_K 应为

$$P_K = IU_K - IU_W - IU_T$$

⑤ 所产热量主要用于对阴极的加热和阴极区的散热损失。焊接时，这部分能量可被用来加热填充材料或焊件。

3）阳极区的产热特性。阳极区的产热主要有以下特点：

① 阳极区的电流由电子流和正离子流两部分组成，由于正离子流所占比例很小，可忽略不计，只考虑电子流的能量转换效应。

② 到达阳极的电子能量主要由三部分组成：第一部分是电子经由阳极压降被 U_a 加速而获得的动能 IU_a；第二部分为电子从阴极逸出时吸收的逸出功 IU_w；第三部分是从弧柱区带来的，与弧柱温度相应的热功率 IU_T。因此，阳极区的总产热功率 P_a 为

$$P_a = IU_a + IU_w + IU_T$$

③ 所产热量主要用于对阳极的加热和散热损失。在焊接过程中，这部分能量也可用于加热填充材料或焊件。

（2）电弧的温度分布　电弧各部分的温度分布受电弧产热特性的影响，组成电弧的三个区域产热特性不同，温度分布也有较大区别。电弧温度的分布特点可从轴向和径向两个方面分析。

1）轴向分布。阴极区和阳极区的温度较低，弧柱温度较高，如图1-7所示，造成这一结果的原因是：电极受材料沸点的限制，加热温度一般不超过其沸点；而弧柱中的气体或金属蒸气不受这一限制，且气体介质的导热特性也不如金属电极的导热性好，热量不易散失，故有较高的温度。阴极、阳极的温度则根据焊接方法的不同有所差别，见表1-5。

表1-5　不同焊接方法阴极与阳极的温度比较

焊接方法	焊条电弧焊[①]	钨极氩弧焊	熔化极氩弧焊	CO_2 气体保护焊	埋弧焊
温度比较	阳极温度>阴极温度			阴极温度>阳极温度	

① 这里采用酸性焊条，若采用碱性焊条，结论相反。

2）径向分布。电弧径向温度分布的特点是：弧柱轴线温度最高，沿径向由中心至周围温度逐渐降低，如图1-8所示。

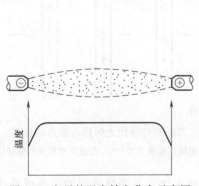

图1-7　电弧的温度轴向分布示意图

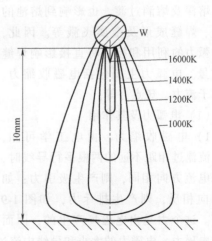

图1-8　W-Cu电极间电弧等温线（电流200A，电压14.2V）

（3）焊接电弧的热效率　电弧焊的热能由电能转换而来，因此，电弧的功率 P_Q 可由下式表示，即

$$P_Q = IU_A$$

式中，U_A 是电弧电压，$U_A = U_K + U_C + U_a$，U_C 是弧柱区电压。

电弧的热量并不能全部有效地用于焊接，其中一部分热量因对流、辐射及传导等损失了。用于加热、熔化填充材料及焊件的电弧功率称为有效热功率，表示为

$$P_Q' = \eta P_Q$$

式中，η 是有效功率系数（热效率系数），受焊接方法、焊接参数、周围条件等因素的影响。表1-6列出了常用焊接方法的热效率系数。

表 1-6　常用焊接方法的热效率系数

焊接方法	η	焊接方法	η
焊条电弧焊	$0.65 \sim 0.85$	熔化极氩弧焊	$0.70 \sim 0.80$
埋弧焊	$0.80 \sim 0.90$	钨极氩弧焊	$0.65 \sim 0.70$
CO_2 气体保护焊	$0.75 \sim 0.90$		

由表1-6可见，钨极氩弧焊热效率系数较低，而熔化极氩弧焊和埋弧焊较高，主要原因如下：

1）埋弧焊时，电弧埋在焊剂层下燃烧，焊剂形成的保护罩有保温作用，而且弧柱热量也用于熔化焊剂，热量利用最充分，所以热效率可高达90%。

2）非熔化极电弧焊，如钨极氩弧焊，电极不熔化，只是焊件熔化，仅利用了一部分电弧热量，电极吸收的热量都被焊枪或冷却液带走，而不能传递到母材中，所以热效率较低。

3）对于熔化极氩弧焊，无论是阴极还是阳极，所吸收的热量最终都要给予母材，即焊丝受热后，将通过熔滴过渡把热量传递给母材，所以热效率较高。

当其他条件不变时，η 随着电弧电压 U_A 的升高而降低。因 U_A 升高，弧长增加，通过对流、辐射等损失的弧柱热量增加。

2. 电弧的力学特性

在焊接过程中，电弧的力学特性是以电弧力的形式表现出来的，电弧力不仅直接影响焊件的熔深及熔滴过渡，也影响到熔池的搅拌、焊缝成形及金属飞溅等。因此，对电弧力的利用和控制将直接影响焊缝的质量。电弧力主要包括电磁收缩力、等离子流力、斑点力等。

（1）电弧力及其作用

1）电磁收缩力。由电工学可知，当电流流过相距不远的两根平行导线时，如果电流方向相同，则产生吸引力；如果方向相反，则产生排斥力，如图1-9所示。这个力是由电磁场产生的，因而

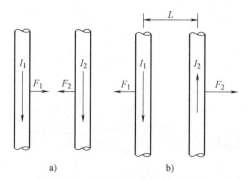

图 1-9　两根平行导线之间的电磁力示意图

a）电流方向相同产生吸引力　b）电流方向相反产生排斥力

称为电磁力。电磁力的大小和导线中流过的电流大小成正比，与两导线间的距离成反比。

当电流通过导体时，电流可看成是由许多距离很近的平行同向电流组成的，这些电流线之间将产生相互吸引力。如果是可变形导体（气体），将使导体产生收缩，这种现象称为电磁收缩效应，产生电磁收缩效应的力称为电磁收缩力。这个电磁收缩力往往是其他电弧力的力源。

焊接电弧是能够通过很大电流的气态导体，电磁效应在电弧中产生的收缩力表现为电弧内的径向压力。通常电弧可看成是一圆锥形的气态导体，如图 1-10 所示。电极端直径小，焊件端直径大。由于不同直径处电磁收缩力的大小不同，直径小的一端收缩压力大，直径大的一端收缩力小，因此将在电弧中产生压力差，形成由小直径端（电极端）指向大直径端（焊件端）的电弧轴向推力，而且电流越大，形成的推力越大。

电弧轴向推力在电弧横截面上分布不均匀，弧柱轴线处最大，向外逐渐减小，在焊件上此力表现为对熔池形成的压力，称为电磁静压力。这种分布形式的力作用在熔池上，则形成图 1-11a 所示的碗状熔深焊缝形状。

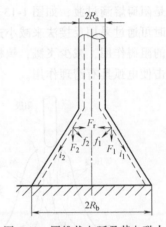

图 1-10 圆锥状电弧及其电磁力

由电弧自身磁场引起的电磁收缩力，在焊接过程中具有重要的工艺性能，表现如下：

① 它不仅使熔池下凹，同时对熔池产生搅拌作用，有利于细化晶粒，排出气体及夹渣，使焊缝的质量得到改善。

② 另外，电磁收缩力形成的轴向推力可在熔化极氩弧焊中促使熔滴过渡，并可束缚弧柱的扩展，使弧柱能量更集中，电弧更具有挺直性。

2）等离子流力。由上述可知，因焊接电弧呈圆锥状，

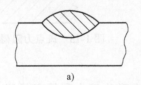
a)

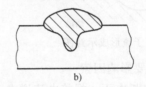
b)

图 1-11 焊缝形状示意图
a）碗状熔深 b）指状熔深

使电磁收缩力在电弧各处分布不均匀，具有一定的压力差，形成了轴向推力。在此推力作用下，将使靠近电极处的高温气体向焊件方向流动。高温气体流动时要求从电极上方补充新的气体，形成有一定速度的连续气流进入电弧区。新加入的气体被加热和部分电离后，受轴向推力的作用继续冲向焊件，对熔池形成附加的压力，如图 1-12 所示。对熔池的这部分附加压力是由高温气流（等离子流）的高速运动引起的，所以称为等离子流力，也称为电弧的电磁动压力。

电弧中等离子流具有很大的速度，可以达到每秒数百米。等离子流产生的动压力分布应与等离子流速度分布相对应，可见这种动压力在电弧中心线上最强，电流越大，中心线上的动压力幅值越大，而分布的区间越小。当钨极氩弧焊的钨极锥角较小，电流较大，或熔化极氩弧焊采用喷射过渡工艺时，这种电弧的动压力皆较显著，容易形成图 1-11b 所示的指状熔深焊缝。

等离子流力可增大电弧的挺直性，在熔化极电弧焊中促进熔滴轴向过渡，增大熔深并对

熔池形成搅拌作用。

3）斑点力。电极上形成斑点时，由于斑点处受到带电粒子的撞击或金属蒸发的反作用而对斑点产生的压力，称为斑点压力或斑点力。

阴极斑点力比阳极斑点力大，主要有以下原因：

① 阴极斑点承受正离子的撞击，阳极斑点承受电子的撞击，而正离子的质量远大于电子的质量，且阴极压降一般大于阳极压降，所以阴极斑点承受的撞击远大于阳极斑点。

② 阴极斑点的电流密度比阳极斑点的电流密度大，金属蒸发产生的反作用力也比阳极斑点大。

无论是阴极斑点力，还是阳极斑点力，其方向总是与熔滴过渡的方向相反，因而斑点力总是阻碍熔滴过渡，如图1-13所示。但由于阴极斑点力大于阳极斑点力，所以在直流电弧焊时可通过采用反接法来减小这种影响。熔化极气体保护焊采用直流反接，可以减小熔滴过渡的阻碍作用，减少飞溅；钨极氩弧焊采用直流反接，由于阴极斑点位于焊件上，正离子的撞击使电弧具有清理作用。

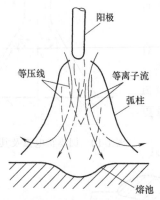

图 1-12　等离子流形成示意图

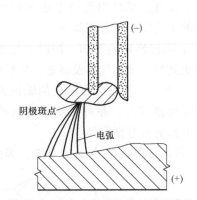

图 1-13　斑点力阻碍熔滴过渡示意图

（2）电弧力的主要影响因素

1）焊接电流和电弧电压。焊接电流增大，电磁收缩力和等离子流力都增加，所以电弧力也增大，如图1-14所示。焊接电流一定，电弧长度增加引起电弧电压升高，则电弧力减小，如图1-15所示。

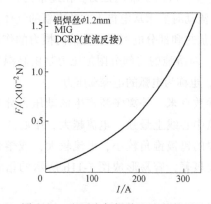

图 1-14　电弧力与焊接电流的关系

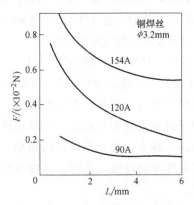

图 1-15　电弧长度与电弧力的关系

2）焊丝直径。焊接电流一定时，焊丝直径越细，电流密度越大，造成电弧锥形越明显，则电磁力和等离子流力越大，导致电弧力增大，如图 1-16 所示。

3）电极（焊条、焊丝）的极性。通常情况下，阴极导电区的收缩程度比阳极区大，因此，钨极氩弧焊正接时，可形成锥度较大的电弧，产生较大的电弧力。熔化极气体保护焊采用直流正接时，熔滴受到较大的斑点力，过渡时受到阻碍，电弧力较小；反之，采用直流反接时，电弧力较大，如图 1-17 所示。

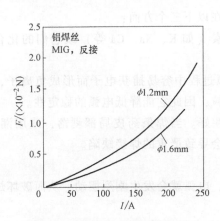

图 1-16　电弧力与焊丝直径的关系

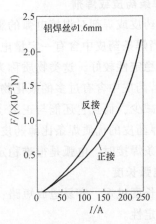

图 1-17　熔化极气体保护焊时电弧力与电流极性的关系

4）气体介质。不同种类的气体介质，其热物理性能不同，对电弧产生的影响也不同。导热性强的气体或多原子气体消耗的热量多，会引起电弧的收缩，导致电弧力的增大，如图 1-18 所示，气体流量或电弧空间气体压力增加，也会引起弧柱收缩，导致电弧力增大，同时使斑点力增大。斑点力增大时熔滴过渡困难，CO_2 气体保护焊时这种现象尤为明显。

1.1.4　焊接电弧的稳定性

焊接电弧的稳定性是指在电弧燃烧过程中，电弧能维持一定的长度、不摇摆、不偏吹、不熄灭，电弧电压和电流保持一定。电弧的稳定性、对焊接质量影响很大。不稳定的电弧造成焊缝质量低劣。

影响电弧稳定性的因素很多，主要有以下几个方面：

1. 焊接电源

（1）焊接电源的种类　采用直流电源焊接时，电弧燃烧比交流电源稳定，因为直流电源没有方向的改变。而交流电源，电弧的极性是按工频（50Hz）周期变化的，即每秒钟电弧的燃烧和熄灭要重复 100 次，电流、电压每时每刻都在变化，因此，交流电源焊接时的电弧没有直流稳定。

（2）焊接电源的特性　若焊接电源的特性符合电弧燃烧的要求，则电弧燃烧稳定，否则，电弧燃烧不稳定。电弧焊时，电源必须提供一种能与电弧静特性相匹配的外特性才能保证电弧的稳定燃烧。

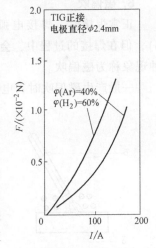

图 1-18　电弧力与气体介质的关系

（3）焊接电源的空载电压　若焊接电源的空载电压较高，则电场作用较强，场致电离及场致发射就强烈，因此，具有较高空载电压的焊接电源不仅引弧容易，而且电弧燃烧也稳定。

2. 焊接电流

焊接电流越大，电弧的温度越高，弧柱区气体电离程度和热发射作用越强，则电弧燃烧就越稳定。

3. 焊条药皮或焊剂

焊条药皮或焊剂对焊接电弧的影响，主要体现在以下三个方面：

1）当焊条药皮中含有一定量电离电压低的元素（如 K、Na、Ca 等）或它们的化合物时，电弧稳定性较好，这类物质称为稳弧剂。

2）若药皮中含有过多的氟化物，由于氟在电弧过程中容易捕获电子而形成负离子，使电子大量减少，而且它还能与正离子结合成中性微粒，因此它能降低电弧的稳定性。

3）厚药皮的优质焊条比薄药皮焊条电弧稳定性好。当焊条药皮局部剥落，或用潮湿、变质的焊条焊接时，电弧是很难稳定燃烧的，并且会导致严重的焊接缺陷。

4. 电弧长度

电弧长度过短，容易造成短路；电弧长度过长，电弧就会发生剧烈摆动，从而破坏焊接电弧的稳定性。

5. 外界因素（气流的影响、焊接处的清洁程度）

在露天，特别是在野外大风中进行电弧焊时，由于空气的流速快，对电弧稳定性的影响是明显的，会造成严重的电弧偏吹而无法进行焊接，因此，要采取必要的防风措施。

焊接处若有铁锈、水分以及油污等污物存在时，由于吸热进行分解，减少了电弧的热能，便会影响电弧的稳定燃烧，并影响焊缝质量，所以焊前应将焊接处清理干净。

6. 磁偏吹

正常焊接时，焊接电弧的轴线与焊条的轴线基本上在同一条中心线上（见图 1-19a、b），但在焊接的过程中，会发现电弧偏离焊条中心而向某一方向偏吹（见图 1-19c、d），这种现象称为磁偏吹。

一般产生磁偏吹时，电弧轴线就难以对准焊缝中心，破坏了焊接电弧的稳定性。

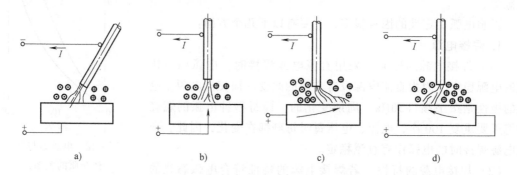

图 1-19　正常焊接电弧与电弧的磁偏吹现象

a)、b) 正常电弧　c)、d) 磁偏吹现象

（1）磁偏吹产生的原因　引起磁偏吹的根本原因是电弧周围的磁场分布不均匀，导致电弧两侧产生的电磁力不同，焊接的过程中，引起磁力线分布不均匀的主要原因有以下两点：

1）导线接线位置。如图 1-20 所示，导线接在焊件的一侧，焊接时，电弧左侧的磁力线由两部分叠加组成：一部分由电流通过电弧产生，另一部分由电流通过焊件产生；而电弧右侧的磁力线仅由电流通过电弧本身产生，所以电弧两侧受力不平衡，偏向右侧。

2）电弧附件的铁磁物体。当电弧附件放置铁磁物体（如钢板）时，磁力线大多通过铁磁物体形成回路，使铁磁物体一次磁力线变稀，造成电弧两侧磁力线不均匀，产生磁偏吹，如图 1-21 所示。

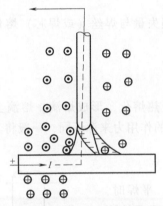
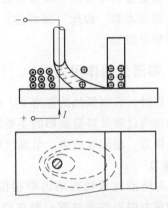

图 1-20　导线接线位置引起的磁偏吹示意图　　　　图 1-21　电弧附近铁磁物体引起的磁偏吹示意图

（2）控制磁偏吹的方法

1）在条件允许的情况下，优先选择交流电源。

2）若采用直流电源，尽可能将地线接在焊缝的中心线位置，使坡口两侧的磁力线趋于对称；或在焊件两侧同时接地线。

3）尽可能地选择在周围没有铁磁物质的地方焊接，或对电弧进行屏蔽，或利用外加磁场控制焊接电弧。

4）焊接的过程中，压短电弧，使焊丝向电弧偏吹方向倾斜，也可有效地减弱磁偏吹。

1.2　焊丝的熔化与熔滴过渡

熔化极氩弧焊的焊丝（条）具有两个作用：一是作为电极与焊件产生电弧；二是它本身被加热熔化，而作为填充金属过渡到熔池中去。焊丝（条）熔化和熔滴过渡是熔化极氩弧焊过程中的重要物理现象，其过渡方式及特性将直接影响焊接质量和生产效率。

1.2.1　焊丝与焊条的熔化参数

熔化参数是表明焊丝与焊条金属熔化和过渡情况的参数，常用的有：

（1）熔化速度　熔化电极在单位时间内熔化的长度或重量。常用的单位是 m/h 或

mm/min 及 kg/h。熔化速度常用 v_m 表示。

（2）熔化系数　单位电流、单位时间内焊丝（或焊芯）的熔化量 [g/（A·h）]。常用 α_m 作为代表符号。

（3）熔敷系数　单位电流、单位时间内焊丝（或焊芯）熔敷在焊件上的金属量 [g/（A·h）]，它标志着焊接过程的生产率。常用 α_y 作为代表符号。

（4）熔敷速度　单位时间内熔敷在焊件上的金属量（kg/h）。

（5）熔敷效率　熔敷金属量与熔化的填充金属（通常指焊丝、焊芯）量的百分比（质量分数）。

（6）飞溅率　焊丝（或焊芯）熔敷过程中，因飞溅损失的金属重量与熔化的焊丝（或焊芯）金属重量的百分比（质量分数）。通常用 φ_s 表示。

（7）损失系数　焊丝（或焊芯）在熔敷过程中的损失量与焊丝（或焊芯）熔化量的百分比（质量分数）。

1.2.2　熔滴上的作用力

电弧焊时，在电弧热的作用下，焊丝（条）端部受热熔化，形成熔滴。熔滴上的作用力是影响熔滴过渡及焊缝成形的主要因素。根据熔滴上的作用力来源不同，一般将其分为重力、表面张力、电磁收缩力、电弧气体吹力、斑点力。

1. 重力

重力对熔滴过渡的影响因焊接位置的不同而不同。平焊时，熔滴上的重力促进熔滴过渡；而在仰焊及立焊位置，则阻碍熔滴过渡，如图 1-22 所示。重力 F_g 可表示为

$$F_g = mg = (4/3)\pi r^3 \rho g$$

式中，r 是熔滴半径；ρ 是熔滴密度；g 是重力加速度。

2. 表面张力

表面张力是指焊丝端头上保持熔滴的作用力，用 F_σ 表示，大小为

$$F_\sigma = 2\pi R\sigma$$

式中，R 是焊丝半径；σ 是表面张力系数，σ 数值和材料成分、温度、气体介质等因素有关。

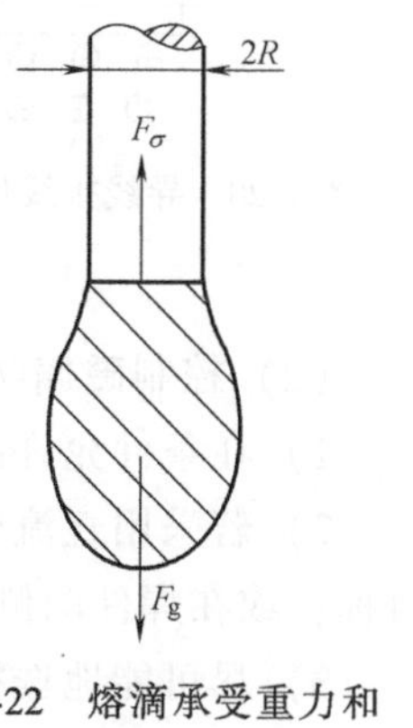

图 1-22　熔滴承受重力和表面张力示意图

表 1-7 中列出了一些纯金属的表面张力系数。

表 1-7　纯金属的表面张力系数

金属种类	Mg	Zn	Al	Cu	Fe	Ti	Mo	W
$\sigma/(\times 10^{-3}\,\mathrm{N/m})$	650	770	900	1150	1220	1510	2250	2680

在研究熔滴表面张力时，要注意以下三点：

1）若熔滴上含有少量活化物质（O、S 等）或熔滴温度过高，都会减小表面张力系数，有利于形成细颗粒熔滴过渡。

2）平焊时，表面张力 F_σ 阻碍熔滴过渡，因此，凡是能使 F_σ 减小的措施都会有利于平焊时的熔滴过渡。由 $F_\sigma = 2\pi R\sigma$ 可知，使用小直径及表面张力系数小的焊丝都可以达到

目的。

3) 除平焊之外的其他位置焊接时，表面张力对熔滴过渡有利。

3. 电磁收缩力

沿焊条的径向，焊条和熔滴上受到从四周向中心的电磁力，称为电磁收缩力，其大小与焊接电流大小成正比。当焊接电流较小时，电磁收缩力小，熔滴尺寸大，过渡时飞溅严重，并常使电弧短路，电弧燃烧不稳。反之，当焊接电流较大时，电磁收缩力大，熔滴尺寸较小，并且在过渡时方向性强，在各种焊接位置下均沿电弧轴线方向向熔池过渡。

4. 电弧气体吹力

电弧气体吹力出现在焊条电弧焊中。焊条电弧焊时，焊条药皮的熔化滞后于焊芯的熔化，这样在焊条的端部形成套筒，此时药皮中造气剂产生的气体及焊芯中碳元素氧化的 CO 气体在高温作用下在套筒中急剧膨胀，沿套筒方向形成挺直而稳定的气流，气流从套筒中喷出作用于熔滴。不论是何种位置的焊接，电弧气体吹力总是促进熔滴过渡。

5. 斑点力

电极上形成斑点时，由于斑点是导电的主要通道，因此此处也是产热集中的地方。同时，该处将承受电子（反接）或正离子（正接）的撞击力。又因该处电流密度很高，所以将使金属强烈地蒸发，金属蒸发时对金属表面产生很大的反作用力，对电极造成压力。如果同时考虑电磁收缩力的作用，则斑点力对熔滴过渡的影响十分复杂，主要表现为以下几点：

1) 当斑点面积很小时，斑点力常常是阻碍熔滴过渡的力。

2) 当斑点面积很大，笼罩整个熔滴时，斑点力常常促进熔滴过渡。

3) 通常阳极受到的斑点力比阴极受到的斑点力要小，这也是许多熔化极氩弧焊采用直流反接的主要原因之一。

1.2.3　熔滴的过渡形式

焊丝端部熔滴的形成和过渡过程中，受到诸多作用力的影响，而这些力的作用方向及大小随着焊接位置、电弧形态、熔滴的形状和大小及焊接参数等的不同而变化，于是产生了下述各种熔滴过渡形式。熔滴过渡形式不同，对电弧的稳定性及焊接质量的影响也不同。

熔化极氩弧焊的熔滴过渡形式分为三种类型，即自由过渡、接触过渡和渣壁过渡。

1. 自由过渡

自由过渡是指熔滴从焊丝端部脱落后，经电弧空间自由的飞行而落入熔池，焊丝端头和熔池之间不发生直接接触的过渡形式。按过渡形态不同，自由过渡分为滴状过渡、喷射过渡和爆炸过渡，具体情况见表 1-8。

（1）滴状过渡　通常出现在弧长较长（即长弧焊）时，熔滴不易与熔池接触，当熔滴长大到一定程度，便脱离焊丝末端通过电弧空间落入熔池，如图 1-23 所示。

相对于短路过渡，滴状过渡时电弧电压较高。根据焊接参数及焊接材料的差别，滴状过渡又分为粗滴过渡和细滴过渡。

1) 粗滴过渡（大滴过渡）。

① 滴落过渡。当电流较小，而电弧电压较高时，弧长较长，熔滴不与熔池短路接触，且电弧力作用小。随着焊丝熔化，熔滴逐渐长大，当重力可以克服熔滴的表面张力时，熔滴便脱离焊丝端部，进入熔池，实现滴落过渡。

表 1-8　熔滴过渡分类及其形态特征

类型			形态	焊接条件
滴状过渡	粗滴过渡	滴落过渡		高电压、小电流 MIG 焊
		排斥过渡		高电压、小电流 CO_2 焊及正接、大电流 CO_2 焊
	细滴过渡			较大电流的 CO_2 焊
自由过渡	喷射过渡	射滴过渡		铝 MIG 焊及脉冲焊
		射流过渡		钢 MIG 焊
		旋转过渡		特大电流 MIG 焊
		爆炸过渡		焊丝含挥发成分的 CO_2 焊

（续）

类型		形态	焊接条件
接触过渡	短路过渡		CO_2 焊
	搭桥过渡		非熔化极填丝焊
渣壁过渡	沿渣壳过渡		埋弧焊
	沿药皮筒壁过渡		焊条电弧焊

② 排斥过渡。在熔滴滴落过程中，如果有斑点力作用且大于熔滴的重力（如在 N_2、H_2 等多原子气氛中），熔滴在脱离焊丝之前就偏离了焊丝轴线，甚至上翘，脱离之后不能沿焊丝轴向过渡，则称为排斥过渡。

上述两种过渡都为粗滴过渡，粗滴过渡时，熔滴存在的时间长、尺寸大、飞溅也大，焊缝的质量和电弧的稳定性都较差，生产中很少采用。

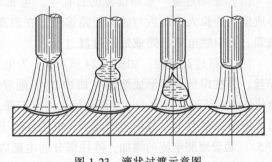

图 1-23　滴状过渡示意图

2）细滴过渡。当电流较大时，电磁收缩力较大，熔滴的表面张力减小，熔滴细化，其直径一般等于或略小于焊丝直径，熔滴向熔池过渡频率增加，飞溅小，电弧稳定，焊缝成形较好，这种过渡称为细滴过渡。细滴过渡在生产中广泛应用。

（2）喷射过渡

1）喷射过渡定义。随着焊接电流的增加，熔滴尺寸变小，过渡频率也急剧增大。在电弧力的强制作用下，熔滴脱离焊丝沿焊丝轴向飞速地射向熔池，这种过渡形式称为喷射过渡。

2）喷射过渡分类。根据熔滴大小和过渡形态，喷射过渡又分为射滴过渡、射流过渡和旋转过渡。射滴过渡的熔滴直径和焊丝直径相近，过渡时有明显的熔滴分离；射流过渡是以小于焊丝直径的细小熔滴快速而连续地射向熔池。

3）喷射过渡特征。

① 喷射过渡的速度很快，脱离焊丝端部的熔滴加速度可以达到重力加速度的几十倍。

② 喷射过渡焊接过程稳定，飞溅小，过渡频率快，焊缝成形美观，对焊件的穿透力强，可得到焊缝中心部位熔深明显增大的指状焊缝。

③ 当采用平焊焊接板厚大于 3mm 的工件时，多采用这种过渡形式，但不宜焊接薄板。

熔滴从滴状过渡变成喷射过渡的最小电流值称为临界电流。大于临界电流，熔滴体积急剧减小，熔滴过渡频率急剧上升。临界电流与焊丝成分、直径、伸出长度、保护气体成分等因素有关。

当焊接电流比临界电流高很多时，喷射过渡的细滴在高速喷出的同时对焊丝端部产生反作用力，一旦反作用力偏离焊丝轴线，则使金属液柱端头产生偏斜，继续作用的反作用力将使金属液柱旋转，产生所谓的旋转过渡。

（3）爆炸过渡　爆炸过渡是指熔滴在形成、长大或过渡过程中，由于激烈的冶金反应，在熔滴内部产生 CO 气体，使熔滴爆裂而形成的一种金属过渡形式。

在焊条电弧焊、CO_2 气体保护焊中有时会出现这种爆炸过渡，爆炸时会引起飞溅，恶化焊接工艺。

2. 接触过渡

接触过渡是指焊丝（或焊条）端部的熔滴与熔池表面通过接触而过渡的形式。

根据接触前熔滴大小的不同，接触过渡又可分为短路过渡和搭桥过渡。在熔滴接触前，若熔滴为小滴，电磁收缩力的作用大于表面张力，通常形成短路过渡；在熔滴接触前，若熔滴为大滴，表面张力作用大于电磁收缩力，靠熔滴和熔池表面接触后所产生的表面张力而形成过渡，称为搭桥过渡。

（1）短路过渡　短路过渡的过程中，电弧燃烧是不连续的，焊丝受电弧的加热作用后形成熔滴并长大，而后与熔池短路熄弧，在表面张力及电磁收缩力的作用下形成缩颈小桥并破裂，再引燃电弧，完成短路过渡过程。

1）短路过渡过程。如图 1-24 所示，1 为电弧引燃的瞬间，然后电弧燃烧析出热量熔化焊丝，并在焊丝端部形成熔滴（图中 2）。随着焊丝的熔化和熔滴长大（图中 3），电弧向未熔化的焊丝传递热量减少，使焊丝熔化速度下降，而焊丝以一定速度送进，使熔滴接近熔池并造成短路（图中 4）。这时电弧熄灭，电压急剧下降，短路电流逐渐增大，形成短路液柱（图中 5）。随着短路电流的增加，液柱部分的电磁收缩作用使熔滴与焊丝之间形成缩颈（称短路小桥，图中 6）。当短路电流增加到一定数值时，小桥迅速断开，电弧电压很快恢复到空载电压，电弧又重新引燃（图中 7），电流下降，然后又开始重复上述过程，图中 8 与 2 相同。

2）短路过渡特点。

① 短路过渡时，燃弧、熄弧是交替进行的。

② 燃弧时，电弧对焊件加热；熄弧时，熔滴形成缩颈过渡到熔池。

③ 短路焊接有利于薄板或全位置焊接，这是因为使用的焊接电流平均值较小，而短路时的峰值电流又为平均值的几倍，这样既可以避免焊件焊穿，又能保障熔滴顺利过渡。而且

短路过渡一般采用细丝焊接，焊接电流密度大，焊接速度快，对焊件的热输入较低。

④ 采用短路过渡焊接时，电弧短，热量集中，因而可以减少接头热影响区和焊接的变形。

⑤ 若焊接参数选择不当，或焊接电源动特性不佳时，短路过渡伴随着大量金属飞溅而使过渡过程变得不稳定。

（2）搭桥过渡　在非熔化极电弧焊或气焊中，填充焊丝的熔滴过渡与上述短路过渡相似，同属于接触过渡，只是填充焊丝不通电，焊丝在电弧热作用下熔化，形成熔滴与熔池接触，在电弧力、表面张力及重力作用下，熔滴进入熔池，称为搭桥过渡。

3．渣壁过渡

渣壁过渡是熔滴沿着焊渣的壁面流入熔池的一种过渡形式。

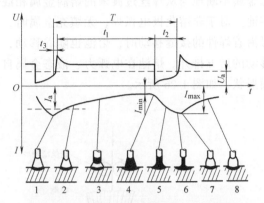

图 1-24　短路过渡过程与电流电压波形

t_1—燃弧时间　t_2—短路时间　t_3—电弧再引燃时间　T—短路周期，$T=t_1+t_2$

I_{max}—最大电流（短路峰值电流）　I_{min}—最小电流　I_a—平均焊接电流　U_a—平均电弧电压

渣壁过渡只出现在埋弧焊和焊条电弧焊中。埋弧焊时，熔滴沿渣壳过渡；焊条电弧焊时，熔滴沿药皮筒壁过渡。

焊条电弧焊时，熔滴过渡形式可分为四种：渣壁过渡、粗滴过渡、细滴过渡、短路过渡。过渡形式取决于药皮成分和厚度、焊接参数、电流种类和极性等。

埋弧焊时，电弧在熔渣形成的空腔（气泡）内燃烧。这时熔滴通过渣壁流入熔池（见图 1-25），只有少数熔滴通过气泡内的电弧空间过渡。

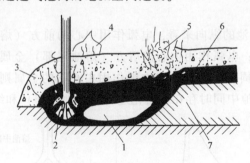

图 1-25　埋弧焊熔滴过渡情况

1—熔池　2—弧腔　3—焊剂　4—气体正常逸出　5—气体爆发式逸出　6—熔渣　7—焊缝

1.3　焊接熔池及焊缝成形

1.3.1　焊接熔池

电弧焊接过程中，在电弧热的作用下，被焊母材接缝处发生局部熔化，这部分熔化的液态金属不断地与从焊丝过渡来的熔滴金属相混合，组成具有一定几何形状的液态金属，称为熔池。对于非熔化极电弧焊，无填充金属时，则熔池仅由局部熔化的母材金属组成。焊接电弧沿着焊件的接缝移动时，熔池也随着移动，同时熔池液态金属还在电弧力的作用下向电弧移动的后方排开。熔池在电弧力、液态金属自身重力和表面张力等共同作用下保持一定的液面形状，如图 1-26 所示。

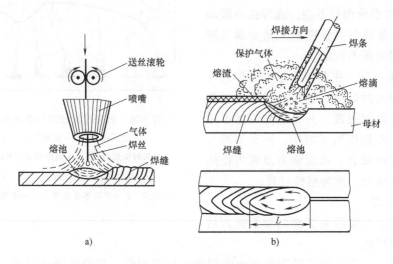

图 1-26　电弧焊接过程示意图

a）熔化极气体保护焊　b）焊条电弧焊

1. 焊接熔池的温度分布

在电弧的作用下，熔池各部位的温度是不相同的，其温度分布如图 1-27 所示。在电弧作用中心的温度最高，远离电弧作用中心的温度逐渐降低，熔池边缘的温度等于母材的熔点。

如图 1-27 所示，沿熔池的纵向来看，电弧作用中心的前方（熔池头部）的金属处于急剧升温并迅速熔化的阶段；电弧作用中心的后方（熔池尾部）金属已经开始降温，并进入结晶凝固阶段，热量向四周传导；正处在电弧作用中心下的金属则处于过热状态。也就是说，随着电弧的移动，熔池中同时存在着熔化过程（熔池头部）和结晶过程（熔池尾部）。

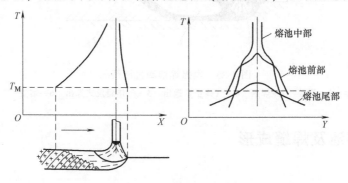

图 1-27　熔池的温度分布

不难看出，处在电弧移动轴线上的任何一点金属都经历着完全相同的温度循环，即经历着同样的加热、熔化、过热、冷却的循环过程。

为了便于表示焊接熔池的温度，现忽略其分布不均匀，用熔池平均温度来表示。实测结果表明低碳钢熔池平均温度在1600~1900℃范围内，见表1-9。

表1-9 焊接熔池的平均温度和质量

编号	焊接参数			熔池金属质量 /g	熔池平均温度 /℃
	焊接电流 /A	电弧电压 /V	焊接速度 /(m/h)		
1	300	24	20	5.77	1710
2	300	29	20	6.58	1860
3	300	36	20	8.70	1840
4	500	26	24	21.60	1810
5	500	36	24	26.52	1770
6	500	49	24	31.00	1730
7	830	25	24	43.30	1730
8	820	29	24	68.80	1790
9	860	36	24	105.60	1705
10	830	42	24	86.85	1735

在研究熔池温度过程中，要注意以下两点：

1）对于不同的金属材料，其熔池的平均温度是不相同的。

2）焊接熔池、金属熔滴、焊接熔渣的温度主要取决于它们自身材料的热物理性质，而与焊接参数无关。

2. 熔池的质量和存在时间

焊接熔池的质量和它在液体状态存在的时间，对熔池中进行的冶金反应、结晶过程都有很大的影响，直接关系着焊接质量。

实验证明，熔池金属的质量与焊接参数有关。焊接电流越大，熔池质量越大；焊接电压越高，熔池质量也越大。这种变化规律如图1-28所示。

熔池存在的时间与熔池金属的质量也是相关联的。显然，熔池金属越多，即质量越大，则熔池存在时间越长；反之亦然。实验证明，各种钢在焊条电弧焊时，熔池存在时间多半小于10s；埋弧焊时，一般也不超过30s，见表1-10。

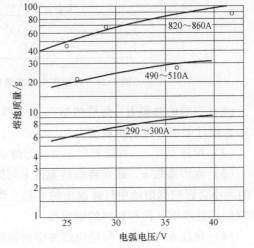

图1-28 在低碳钢厚板大焊件上堆焊时熔池的质量

1.3.2 焊缝成形

1. 焊缝的几何参数

焊缝的几何参数主要是指熔深、焊缝宽度和余高，它们直接影响焊缝的质量，如图1-29所示为对接接头焊和角接接头焊时的几何参数示意图。

表 1-10　焊条电弧焊和埋弧焊时熔池存在的时间

焊件厚度/mm	焊接方法	焊接参数			熔池存在时间/s
		电流/A	电弧电压/V	焊速/(m/h)	
5	埋弧焊	575	36	50	4.43
10	埋弧焊	840	37	41	8.20
16				20	16.50
23		1100	38	18	25.10
—	焊条电弧焊	150~200	—	3	24.0
—			—	7	10.0
—			—	11	6.5

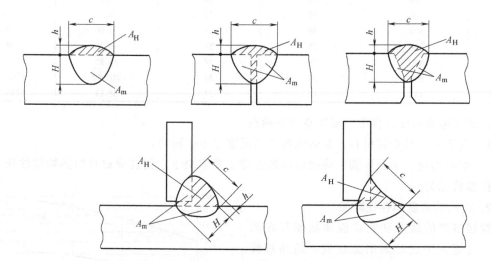

图 1-29　对接接头焊和角接接头焊时的几何参数示意图

（1）焊缝的熔深 H　焊缝的熔深 H 是母材熔化的深度，它不但标志着电弧穿透能力的大小，而且影响焊缝的承载能力。

（2）焊缝宽度 c　焊缝宽度 c 是指焊缝表面两焊趾之间的距离。

（3）成形系数 φ　通常将焊缝宽度 c 与熔深 H 之比称为焊缝的成形系数 φ，即 $\varphi = c/H$。φ 的大小会影响到熔池中气体逸出的难易、熔池的结晶方向、焊缝中成分偏析程度等，从而影响到焊缝产生气孔和裂纹的敏感性。

（4）余高 h　余高 h 可避免熔池金属凝固收缩时形成缺陷，也可增大焊接截面，提高承受静载荷的能力。但余高过大将引起应力集中或疲劳寿命的降低，因此要限制余高的尺寸。

（5）焊缝的熔合比 γ　焊缝的熔合比 γ 是指熔化的母材部分在焊缝金属中所占的比例，用焊缝中截面面积的比例表示，即

$$\gamma = A_m / (A_m + A_H)$$

式中，A_m 为母材金属在焊缝横截面中所占的面积（mm^2）；A_H 为填充金属在焊缝横截面中所占的面积（mm^2）。

熔合比的大小受焊接方法、接头形式和焊接参数等条件的影响，见表 1-11。

表 1-11　焊接工艺条件对熔合比的影响

焊接方法	焊条电弧焊								埋弧焊
接头形式	I 形坡口对接		Y 形坡口对接			角接或搭接		堆焊	对接
板厚/mm	2~4	10	4	6	10~20	2~4	5~20	—	10~30
熔合比 γ	0.4~0.5	0.5~0.6	0.25~0.5	0.2~0.4	0.2~0.3	0.3~0.4	0.2~0.3	0.1~0.4	0.45~0.75
γ 平均值范围	0.3~0.5								0.6~0.7

2. 焊接参数、工艺因数和结构因数对焊缝成形的影响

（1）焊接参数的影响

1）焊接电流。其他条件不变，当焊接电流增大时，焊缝的熔深 H 明显增大，余高 h 也增大，而焊缝宽度 c 基本不变（或略微增大），熔合比 γ 略有增大。

2）电弧电压。电弧电压增大，则电弧功率增加，焊件热输入有所增大；但同时弧长拉长，电弧在焊件上的笼罩半径增大，从而焊缝宽度增大，而熔深略有减小，φ 值增加，余高减小。总的来说，母材的熔化量有所增加，因此，熔合比 γ 也有所增大。

3）焊接速度。提高焊接速度，则焊接热输入（q/v）减少，焊缝宽度和熔深明显减小，余高也减小，熔合比近似不变。

提高焊接速度是提高焊接生产率的主要途径之一。但为保证一定的焊缝尺寸，必须在提高焊接速度的同时相应地提高焊接电流和电弧电压。

（2）工艺因数的影响

1）电流种类及极性。电流种类（直流或交流）和直流时的极性（正接或反接）不同时，对焊缝成形有明显的影响。

① 钨极氩弧焊时，直流正极性的熔深最大，直流负极性的熔深最小，交流介于两者之间。

② 熔化极气体保护焊时，目前主要采用直流负极进行焊接，而直流正极性和交流电弧焊时，效果都不好。直流负极性时，熔深大，这与正离子冲击熔池有关。

③ 焊条电弧焊和埋弧焊，这两种焊接方法中电流种类和极性对焊缝的影响，分别与焊条药皮、焊剂的酸碱性有关。

2）焊丝直径和伸出长度。熔化极电弧焊时，如果电流不变，焊丝直径变细，则焊丝上的电流密度变大，焊件表面电弧斑点移动范围减小，加热集中，因此熔深增大，焊缝宽度减小，余高也增大。

焊丝伸出长度增加，电阻增大，电阻热增加，焊丝熔化速度加快，余高增大，焊缝厚度略有减小。焊丝电阻率越高，直径越细，伸出长度越长，这种影响越大。

3）电极倾角。电极倾角是指电极轴线与焊件上表面之间的夹角 α，如图 1-30 所示，电极倾角分为电极前倾和电极后倾。

① 电极前倾时，焊缝宽度增加，焊缝厚度减小，余高减小。前倾角越小，这种现象越突出。前倾适用于薄板的焊接。

② 电极后倾时，情况和上述相反。

③ 焊条电弧焊和半自动气体保护焊时，通常采用电极前倾焊，倾角 $\alpha = 65 \sim 80°$ 为宜。

4）焊件倾角。在焊接过程中，因焊接结构的限制，焊件的摆放存在一定的倾角，重力

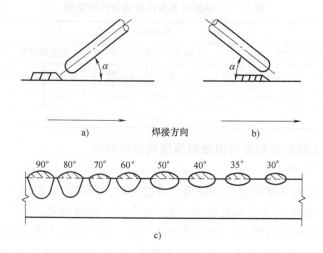

图 1-30　电极倾角对焊缝尺寸的影响

a）后倾焊　b）前倾焊　c）前倾角的影响

作用使熔池中的液态金属有向下流的趋势，在不同的焊接方向产生不同的影响，如图 1-31所示。

① 向上倾斜焊时，焊池金属在重力及电弧力的作用下，流向尾部，电弧正下方液态金属层变薄，电弧对熔池底部金属的加热作用增强，因而焊缝厚度和余高均增大，焊缝宽度减小。

② 向下倾斜焊时，重力作用阻止熔池金属流向熔池尾部，电弧下方液态金属变厚，电弧对熔池底部金属的加热作用减弱，焊缝厚度减小，余高和焊缝宽度增大。

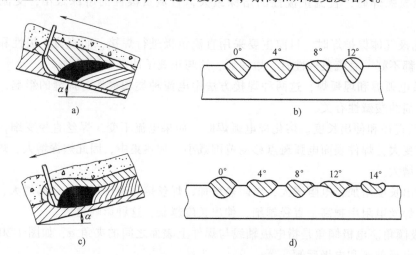

图 1-31　焊件倾角对焊缝成形的影响

a）向上倾斜焊　b）向上倾斜焊焊缝成形　c）向下倾斜焊　d）向下倾斜焊焊缝成形

（3）结构因数的影响

1）焊件材料和厚度。焊件材料和厚度对焊缝成形的影响主要表现为：

① 材料的比热容越大，则单位体积金属升温和熔化需要的热量越多，因此，熔深和焊

缝宽度越小。

② 材料的热导率大，则熔深、焊缝宽度小，而余高较大。

③ 材料的密度大，则熔池金属的排出、流动困难，熔深减小。

④ 其他条件相同时，焊件厚度越大，散热越多，焊缝厚度和焊缝宽度越小。

2）坡口和间隙。工件是否要开坡口，是否要留间隙及留多大尺寸，均视具体情况而定。

① 采用对接形式焊接薄板时，不需要留间隙，也不需要开坡口。

② 厚板焊接时，为了焊透母材，需留一定间隙或开坡口，此时余高和熔合比随坡口或间隙的增大而减小，如图 1-32 所示。

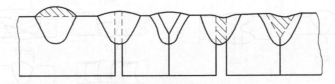

图 1-32　坡口和间隙对焊缝形状的影响

综上所述，影响焊缝成形的因素很多，并且有些因素相互制约，因此，要获得良好的焊接效果和焊缝成形，需根据焊接的材质和厚度、接头形式、对接头性能和焊缝尺寸的要求，以及焊缝的空间位置、工作条件等，选择适宜的焊接方法、焊丝材料和焊接参数等，否则可能出现焊接缺陷。

3. 焊缝成形缺陷及原因

根据 GB/T 6417.1—2005，金属熔焊焊缝缺陷分为未熔合、未焊透、裂纹、空穴、固体夹杂、形状缺陷、其他缺陷等七类，每一类中又包括若干种具体缺陷。常见的焊缝成形缺陷有未焊满、未熔合、焊瘤、下塌、未焊透、烧穿、咬边等。常见的焊缝成形缺陷如图 1-33 所示。

（1）未熔合和未焊透　焊接时，焊道与母材之间或焊道与焊道之间未能完全熔化结合的现象，称为未熔合；焊接接头根部未完全熔透的现象称为未焊透（国家标准数字序号 402）。未熔合可分为以下几类：

1）侧壁未熔合（国家标准数字序号 4011）。

2）间层未熔合（国家标准数字序号 4012）。

3）根部未熔合（国家标准数字序号 4013）。

未熔合和未焊透产生的原因基本相同，主要原因是焊接热输入偏小，熔池热输入不足；具体原因是焊速过高，或焊接电流偏小，或焊丝未对准焊缝中心等。

（2）未焊满　由于填充金属不足，在焊缝表面形成连续或断续的沟槽称为未焊满（国家标准数字序号 511）。

（3）咬边　由于焊接参数选择不当，或操作方法不正确，沿焊趾的母材部位产生的沟槽或凹陷称为咬边。咬边可能是连续的（国家标准数字序号 5011）或间断的（国家标准数字序号 5012）。当采用大电流高速焊接或焊脚焊缝时，一次焊接的焊脚尺寸过大，电压过高，或焊枪角度不当，都有可能产生咬边缺陷。

（4）焊瘤　焊接过程中，熔化的金属流淌到焊缝之外未熔化的母材上所形成的金属瘤称为焊瘤（国家标准数字序号 506）。

焊瘤主要是由于填充金属量过多引起的。坡口尺寸小、焊接速度过慢、电弧电压过低、焊丝偏离焊缝中心及伸出长度过长等情况都有可能产生焊瘤。

（5）焊穿和下塌　焊缝上形成穿孔的现象称为焊穿（国家标准数字序号510）。穿过焊缝根部塌落的过量金属称为下塌（国家标准数字序号504）。

造成焊穿和下塌的原因基本相同，都是由于焊接电流过大、焊速过低或间隙、坡口尺寸过大造成的。

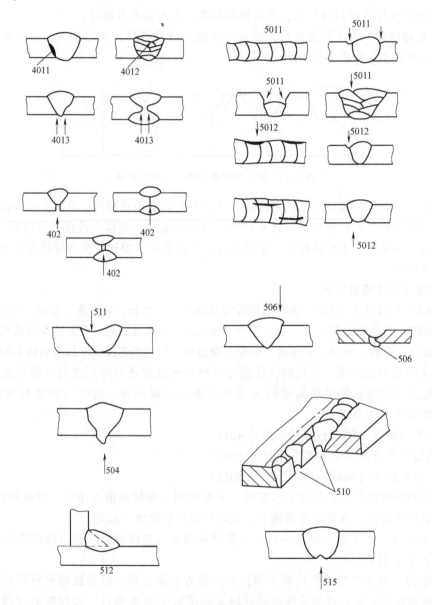

图 1-33　常见的焊缝成形缺陷

1.4　焊缝符号

GB/T 5185—2005《焊接及相关工艺方法代号》和 GB/T 324—2008《焊缝符号表示法》

对焊接方法的代号及焊缝符号做了规定。

1.4.1　焊缝符号及焊接方法代号

1. 焊缝符号

国家规定完整的焊缝符号包括：基本符号、指引线、补充符号、尺寸符号和数据等。焊缝符号一般由基本符号和指引线组成，必要时，还可以添加补充符号、尺寸符号等。

（1）基本符号　基本符号是表示焊缝横截面形状的符号，见表 1-12。

表 1-12　焊缝基本符号

序号	名称	示意图	符号
1	卷边焊缝		八
2	I 形焊缝		‖
3	V 形焊缝		∨
4	单边 V 形焊缝		⊻
5	带钝边 V 形焊缝		Y
6	带钝边单边 V 形焊缝		⅄
7	带钝边 U 形焊缝		Y
8	带钝边 J 形焊缝		⅃

（续）

序号	名称	示意图	符号
9	封底焊缝		⌣
10	角焊缝		◺
11	塞焊缝或槽焊缝		⊔
12	点焊缝		○
13	缝焊缝		⊖
14	陡边 V 形焊缝		⋎
15	陡边单 V 形焊缝		⊬
16	端焊缝		|||
17	堆焊缝		⌣⌣

（续）

序号	名称	示意图	符号
18	平面连接（钎焊）		
19	斜面连接（钎焊）		
20	折叠连接（钎焊）		

标注双面焊缝或接头时，基本符号可组合使用，见表 1-13。

表 1-13　基本符号的组合

序号	名称	示意图	符号
1	双面 V 形焊缝 （X 焊缝）		X
2	双面单 V 形焊缝 （K 焊缝）		K
3	带钝边的双 面 V 形焊缝		
4	带钝边的双 面单 V 形焊缝		
5	双面 U 形焊缝		

（2）补充符号　补充符号是为了补充焊缝的某些特征（如施焊地点、焊缝分布、衬垫、表面形状等）而采用的符号，见表1-14。

表1-14　焊缝补充符号

序号	名　称	符　号	说　明
1	三面焊缝		表示三面带有焊缝
2	周围焊缝	 ○	表示环绕工件周边焊缝
3	现场焊缝		表示在现场或工地进行焊接的焊缝
4	尾部		可以参照 GB/T 5185—2005 标注焊接工艺方法等内容
5	平面	 —	焊缝表面一般经过加工后平整
6	凹面		焊缝表面凹陷
7	凸面		焊缝表面凸起
8	圆滑过渡		焊趾处过渡圆滑
9	永久衬垫	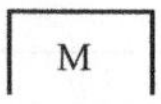 M	衬垫永久保留
10	临时衬垫	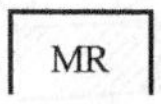 MR	衬垫在焊接完成后拆除

（3）焊缝尺寸符号　焊缝尺寸符号是表示坡口和焊缝各特征尺寸的符号，见表1-15。

2. 尾部符号标注

标注焊缝符号时，若有必要，可在尾部标注符号，当尾部标注的内容较多时，可参考以下顺序标注：

1）相同焊缝数量。

2）焊接方法代号，GB/T 5185—2005 规定了九大类焊接方法的代号，主要常用焊接方法的代号见表1-16。

表 1-15　焊缝尺寸符号

符号	名称	示 意 图	符号	名称	示 意 图
δ	工件厚度	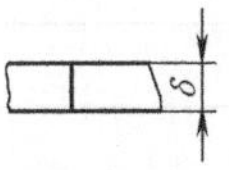	e	焊缝间距	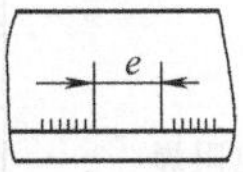
c	焊缝宽度	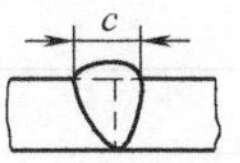	K	焊脚尺寸	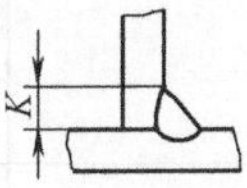
h	余高	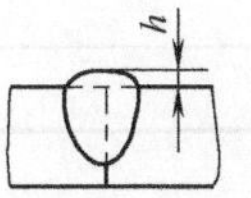	d	点焊:熔核直径 塞焊:孔径	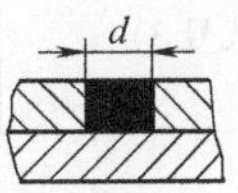
l	焊缝长度	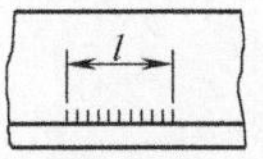	S	焊缝有效厚度	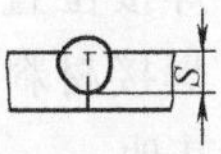
n	焊缝段数	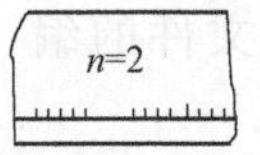	N	相同焊缝数量	
b	根部间隙	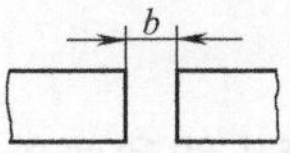	H	坡口深度	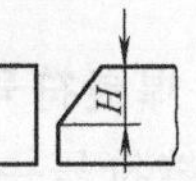
α	坡口角度	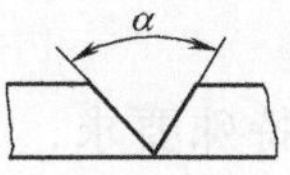	R	根部半径	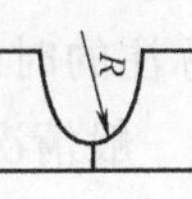
β	坡口面角度	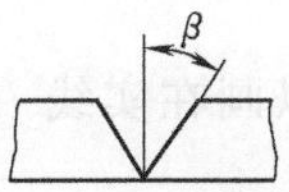	p	钝边	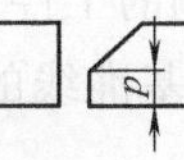

表 1-16　常用焊接方法的代号

焊接方法名称		焊接方法代号
电弧焊 (代号1)	焊条电弧焊	111
	埋弧焊	12
	熔化极惰性气体保护电弧焊	131
	熔化极非惰性气体保护电弧焊	135
	钨极惰性气体保护电弧焊	141
	等离子弧焊	15

（续）

焊接方法名称		焊接方法代号
电阻焊 （代号 2）	点焊	21
	缝焊	22
	凸焊	23
	闪光焊	24
	电阻对焊	25
	高频电阻焊	291
气焊 （代号 3）	氧燃气焊	31
	氧乙炔焊	311
	氧丙烷焊	312

3）缺欠质量等级（按照 GB/T 19418—2003 规定）。

4）焊接位置（按照 GB/T 16672—1996 规定）。

5）焊接材料（按照有关焊接材料标准的规定）。

6）其他。

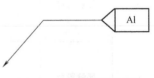

每个款项应以斜线"/"分开。为了简化图样，也可以将上述内容包含在某个文件中，采用封闭尾部给出该文件的编号，如图 1-34 所示。

图 1-34　封闭尾部示例

1.4.2　焊缝符号的标注方法及标注案例

1. 焊缝符号的标注方法

焊缝符号一般通过指引线标注，指引线一般由箭头线和两条基准线两个部分组成，如图 1-35 所示。

在标注的时候，需要注意以下几个方面：

1）一般情况下，箭头线相对焊缝的位置没有特殊要求，但是标注单边 V 形、V 形、J 形等焊缝时，箭头线应指向带有坡口一侧的工件。必要时，允许箭头线弯折一次。

2）基准线的虚线可以画在实线的上侧，也可以画在实线的下侧。

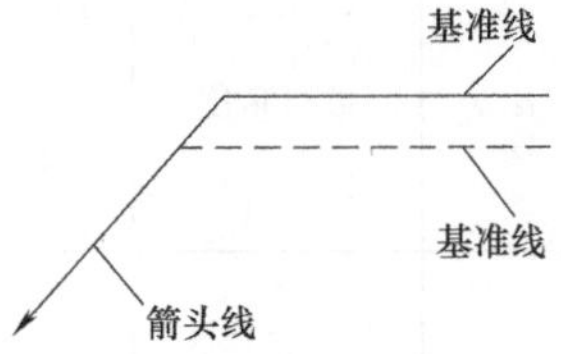

图 1-35　标注焊缝的指引线

3）基准线一般应与图样的底边平行，但在特殊情况下，可与底边垂直。

4）如果焊缝和箭头线在接头的同一侧，则将焊缝基本符号标注在基准线的实线侧，反之，标注在基准线的虚线侧。

5）实线和虚线的位置根据需要可以互换。

6）明确焊缝位置的双面焊缝或对称焊可省略虚线。

此外，必要时，焊缝基本符号可附带有尺寸符号及数据，其标注规则如图 1-36 所示。这些规则如下：

1）焊缝横截面上的尺寸标注在基本符号的左侧。

2）焊缝长度方向上的尺寸标注在基本符号的右侧。

3）坡口角度、坡口面角度、根部间隙等尺寸标注在基本符号的上侧或下侧。

4）相同焊缝数量标注在尾部。

5）当需要标注的尺寸较多又不易分辨时，可在数据前增加相应的尺寸符号。

当箭头线方向发生变化时，上述原则不变。

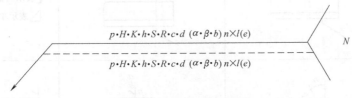

图 1-36 焊缝尺寸标注规则

2. 焊缝符号的标注案例

图 1-37 所示为焊缝符号及焊接方法代号标注案例。

图 1-37a 表示 T 形接头交错断续角焊接，焊脚尺寸为 5mm，相邻焊缝的间距为 30mm，焊缝段数为 35，每段焊缝长度为 50mm。

图 1-37b 表示对接接头周围焊缝，由埋弧焊焊成的 V 形焊缝在箭头一侧，要求焊缝表面平齐；由焊条电弧焊焊成的封底焊缝在非箭头一侧，也要求焊缝表面平齐。

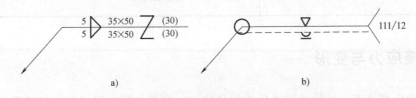

图 1-37 焊缝符号及焊接方法代号标注案例

此外，其他形式焊缝符号的标注示例见表 1-17。

表 1-17 焊缝符号的标注示例

接头形式	焊缝形式	标注示例	说　明
对接接头			111 表示用焊条电弧焊，V 形焊缝，坡口角度为 α，根部间隙为 b，有 n 条焊缝，焊缝长度为 l
T 形接头			⊿ 表示在现场装配时进行焊接 表示双面角焊缝，焊脚高为 K
			$n\times l(e)$ 表示有 n 条断续双面链状角焊缝，l 表示焊缝的长度，e 表示断续焊缝的间距
			表示断续交错焊缝

（续）

接头形式	焊缝形式	标注示例	说 明
角接接头	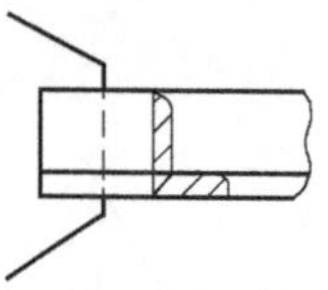	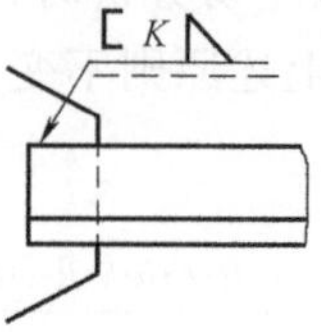	⌐ 表示三面焊接 ◺ 表示单面角焊缝
	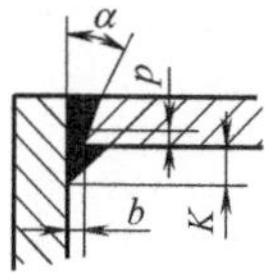	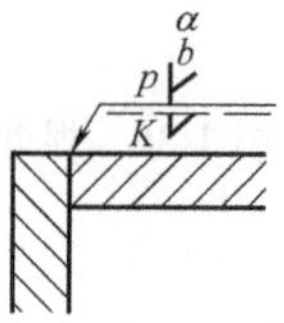	⌐◿ 表示双面焊缝，上面为带钝边单边 V 形焊缝，下面为角焊缝
搭接接头	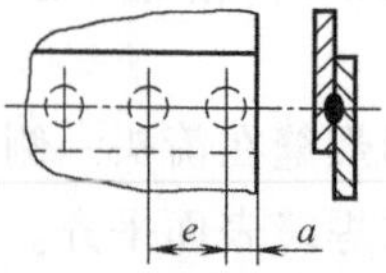	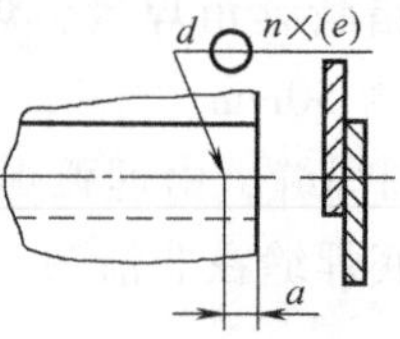	○ 表示点焊，d 表示焊点直径，e 表示焊点的间距，a 表示焊点至板边的间距，n 表示相同焊点个数

1.5 焊接应力与变形

焊接构件由焊接而产生的内应力称为焊接应力，按照作用时间可分为焊接瞬时应力和焊接残余应力。某一瞬时的焊接应力称为焊接瞬时应力，它随时间而变化；而焊后在室温条件下残存于焊件内的应力称为焊接残余应力。

由焊接而引起的焊件尺寸的改变称为焊接变形，它可以分为焊接热过程中发生的瞬态热变形和在室温条件下的残余变形。

一般情况下所说的焊接应力与焊接变形是指残余应力与残余变形。

1.5.1 焊接应力与变形产生的原因及分类

1. 焊接应力与变形产生的原因

焊接应力与变形是多重因素交互的结果。焊接应力按照产生来源可分为三类：

1）温度应力。焊接不均匀加热和冷却引起焊件各部分存在温度差从而产生的焊接应力为温度应力，它是焊接残余应力的主要来源，该应力也被称为热应力。

2）拘束应力。焊前加工状况和焊件的刚性及外界约束焊件造成的应力称为拘束应力。

3）相变应力。金属加热和冷却时发生组织改变而引起的应力称为相变应力，也称为组织应力。

焊接应力导致焊件尺寸改变而产生焊接变形。

2. 焊接残余变形的分类

焊接残余变形是焊接过程中经常出现的问题。焊接残余变形一般分为六大类。

（1）收缩变形 收缩变形包括纵向收缩变形和横向收缩变形，如图 1-38 所示。

纵向收缩变形是构件焊后在焊缝方向上发生的收缩，如图 1-38 中的 ΔL 为纵向收缩变形量。

横向收缩变形是构件焊后在垂直于焊缝方向上发生的收缩，如图 1-38 中的 ΔB 为横向收缩变形量。

收缩变形是难以修复的，必须在构件下料时加余量。

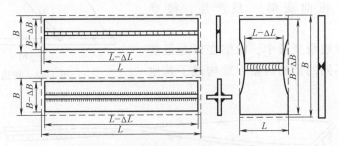

图 1-38 纵向收缩变形和横向收缩变形

（2）弯曲变形 弯曲变形是由于结构上的焊缝不对称或焊件断面形状不对称，由焊缝的纵向收缩或横向收缩而引起的变形，如图 1-39 所示。该变形又称为挠曲变形。

（3）角变形 角变形是焊后构件的平面围绕焊缝产生的角位移，如图 1-40 所示。

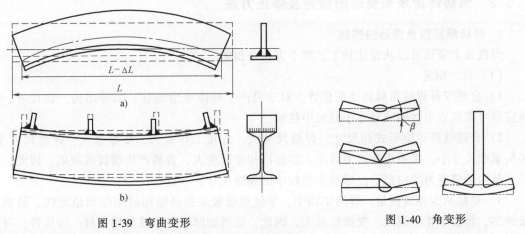

图 1-39 弯曲变形
a）纵向收缩变形引起的弯曲变形 b）横向收缩变形引起的弯曲变形

图 1-40 角变形

（4）波浪变形 波浪变形是指焊后构件呈波浪形，如图 1-41 所示。波浪变形容易在厚度小于 10mm 的薄板结构中产生。

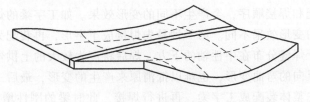

图 1-41 波浪变形

（5）错边变形　错边变形是指在焊接过程中，两焊件热膨胀不一致，可能引起长度方向或厚度方向上的错边，如图 1-42 所示。

（6）扭曲变形　扭曲变形是指焊后沿构件的长度方向上出现的螺旋形变形，如图 1-43 所示。该变形常发生在框架、梁柱或杆件等刚性较大的工件上。扭曲变形一旦产生，很难矫正。

上述六种焊接残余变形中，收缩变形是最基本的变形，加上不同的影响因素，就构成了其他五种变形形式。

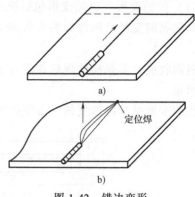

图 1-42　错边变形

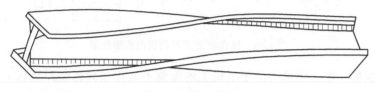

图 1-43　扭曲变形

1.5.2　预防焊接残余变形的措施及矫正方法

1. 预防焊接残余变形的措施

焊接残余变形可以从设计和工艺两个方面来预防。

（1）设计措施

1）合理安排焊缝布局和接头位置。对于易产生弯曲变形的柱、梁等结构，设计时，焊缝应尽可能靠近中性轴或对称于截面中性轴。

2）合理选择焊缝形式和尺寸。焊缝尺寸大，焊接工作量大，变形也大。焊缝尺寸小，接头承载尺寸小，接头承载能力减小，焊缝冷却速度变大，容易产生裂纹等缺陷。因此，在保证结构承载能力的前提下，尽量选择较小的焊缝尺寸。

3）尽量减少焊缝数量。焊接结构中，常使用筋板来提高结构的刚性和稳定性，筋板数量越多，焊接工作量越大，变形也越大。因此，适当加厚壁板，或使用型材、冲压件，可以减少焊接量，从而减少变形。

（2）工艺措施

1）选择合理的装焊顺序。装配和焊接顺序对焊接变形的影响极大，质量要求较高的焊接结构，需要合理安排装配、焊接顺序，把变形降到最低。

采用不同的装配和焊接顺序，会产生不同的变形效果。如工字梁的焊接，采用两种不同的装焊顺序，产生的变形效果不同。第一种是先焊接成丁字形，再装配另一块翼板。在焊接丁字形结构时，由于焊缝分布在中性轴的下方，焊后将产生较大的上拱弯曲变形，即使另一块翼板焊后会产生反向的弯曲变形，也难以抵消原来产生的变形，最后工字梁将形成上拱弯曲变形。第二种是先整体装配成工字梁，再进行焊接，此时梁的刚性增加，然后采用对称、分段的焊接顺序，焊后上拱弯曲变形就小得多。这是一项先总装、后焊接的控制结构焊后变形的工艺措施。

2）选择合理的焊接顺序。

① 对称焊接。如果焊接结构的焊缝是对称布置的，应该采用对称焊接。这时应注意焊接顺序，采用分段、跳焊的对称焊接，通过先后焊缝的熔敷量来控制变形量，效果很好。

② 不对称焊缝。如果焊接结构的焊缝是不对称布置的，采用先焊焊缝少的一侧，使后焊的焊缝产生的变形足以抵消先前的变形，以使总的变形减小。

③ 采用不同的焊接顺序。若是长焊缝结构，采用连续的直通焊，将会造成较大的变形。在实践中常采用分段退焊法、分中分段退焊法、跳焊法和交替焊法等不同的焊接顺序来控制变形。

3）选择合理的焊接方法。长焊缝焊接时，采用连续的直通焊变形最大。在实践中，常采用图 1-44 所示的不同焊接顺序来控制变形，其中分段退焊法、分中分段退焊法、跳焊法、交替焊法常用于长度为 1m 以上的焊缝；长度为 0.5~1m 的焊缝可采用分中对称焊法。

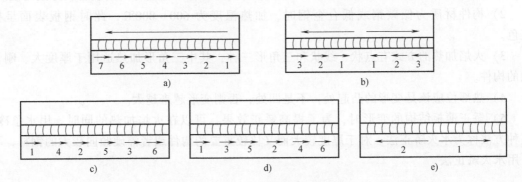

图 1-44　采用不同焊接顺序的焊法

a）分段退焊法　b）分中分段退焊法　c）跳焊法　d）交替焊法　e）分中对称焊法

4）反变形法。为了抵消焊接残余变形，焊前预先使焊件向焊接变形相反的方向变形。V 形坡口对接焊中，均采用了反变形法来控制焊后的残余角变形，例如工字梁焊后产生的角变形，可在焊前预先将翼板制成反变形，然后焊接以抵消焊后变形。

5）刚性固定法。焊前对焊件采取外加刚性约束，使焊件在焊接时不能自由变形。例如把薄板焊件固定在平台上然后再焊接，就能很好地控制焊接变形。焊后当外加刚性约束去掉后，焊件上仍会残留一些变形，不过要比没有约束小得多。

6）散热法。焊接时用强迫冷却的方法将焊接区的热量带走，使受热面积大为减少，从而达到减小变形的目的。应该注意，散热法不适于淬硬倾向大的材料。

2. 矫正焊接残余变形的方法

（1）机械矫正法　利用机械外力使构件产生与焊接变形方向相反的塑性变形，使两者互相抵消，称为机械矫正法。

1）矫正对接板不平（如波浪变形）的具体矫正方法如下：制作一龙门架，可以用千斤顶矫正其平面度，也可以采用三辊滚板机进行矫正，如图 1-45 和图 1-46 所示。

2）采用加压机构（H 型钢矫直机）来矫正工字梁的弯曲，根据矫直机的功率及翼缘板的厚度，调整进给量。可一次或几次压制成形。进给量太大，容易产生压痕，影响质量，还可能会产生压过头，进行反压，带来重复工作量。

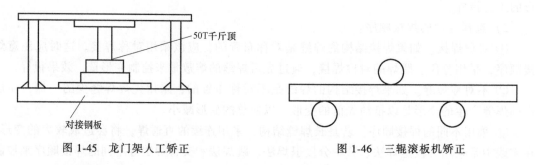

图 1-45　龙门架人工矫正　　　　　　　图 1-46　三辊滚板机矫正

（2）火焰加热矫正法　火焰加热矫正法是利用火焰对构件进行局部加热时产生的塑性变形，使较长的金属冷却收缩，以达到矫正变形的目的。

火焰加热矫正法有以下特点：

1）加热火焰通常采用氧乙炔焰，采用一般的气焊焊枪不需要专门的设备，方法简便。

2）构件材质为低碳钢或低合金钢时，加热温度为 600～800℃，此时钢板表面呈樱红色。

3）火焰加热的方式有点状、线状和三角形三种，其中三角形加热适用于厚度大、刚性强的构件。

4）热部位应该是变形的凸起处，不是凹处，否则变形越来越大。

5）矫正薄板结构的变形时，为了提高矫正效果，可以在火焰加热的同时，用水急冷。这种方法称为水火矫正法。对于厚度较大而又比较重要的构件或者淬硬倾向较大的钢材，不可用水火矫正法。

第2章 焊条电弧焊

2.1 焊条电弧焊的原理及特点

利用电弧作为热源的熔焊方法称为电弧焊。焊条电弧焊是用手工操作焊条进行焊接的电弧焊方法，英文缩写为 SMAW。焊条电弧焊是工业生产中应用最广泛的焊接方法。

2.1.1 焊条电弧焊的基本原理

焊条电弧焊的焊接回路主要包括焊接电源、电弧、焊钳、焊条、焊接电缆和焊件等，如图 2-1 所示。焊接电源是为其提供电能的装置，焊接电弧是负载，焊接电缆是连接电源与焊钳和焊件的。

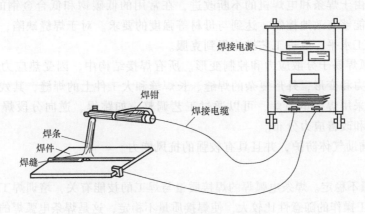

图 2-1 焊条电弧焊焊接回路

焊条电弧焊是利用电弧放电（俗称电弧燃烧）所产生的热量将焊条与工件熔化并在冷凝后形成焊缝，从而获得牢固接头的焊接方法，其焊接原理如图 2-2 所示。

在焊接过程中，焊条和工件之间燃烧的电弧热熔化焊条端部和工件的接缝处，在焊条端部迅速熔化的金属以细小熔滴经弧柱过渡到已经熔化的金属中，并与之熔合，一起形成熔池。焊条药皮不断地分解、熔化而生成气体及熔渣，保护焊条端部、电弧、熔池及其附近区域，防止大气对熔化金属的有害污染。随着电弧不断向前移动，熔池的液态金属

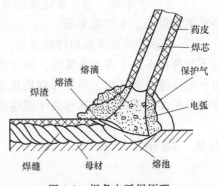

图 2-2 焊条电弧焊原理

逐步冷却结晶而形成焊缝，熔渣冷却凝固成焊渣，继续对焊缝起保护作用。

2.1.2 焊条电弧焊的特点

焊条电弧焊有以下特点：

1. 优点

1) 设备简单，价格便宜。无论是交流电焊机还是直流电焊机，焊工都容易掌握，使用可靠，维护方便。此外，焊接操作时不需要复杂的辅助设备，只需要配备简单的辅助工具，方便携带。

2) 操作方便，使用灵活，适应性强。适用于各种钢种、各种位置和各种结构的焊接。特别是对不规则的焊缝，如短焊缝、仰焊缝、高空和位置狭窄的焊缝，凡焊条能够到达的地方均能灵活运用，操作自如。

焊条电弧焊适于焊接单件或小批量工件以及不规则的、任意空间位置和不易实现机械化焊接的焊缝。

3) 应用范围广，可以焊接工业应用中的大多数金属和合金，如低碳钢、低合金结构钢、不锈钢、耐热钢、低温钢、铸铁、铜合金和镍合金等。此外，焊条电弧焊还可以进行异种金属的焊接、铸铁的补焊及各种金属材料的堆焊。

4) 焊接质量好。因电弧温度高，焊接速度较快，热影响区小，焊接接头的力学性能较为理想。另外，由于焊条和电焊机的不断改进，在常用的低碳钢和低合金钢的焊接结构中，焊缝的力学性能能够有效地控制，达到与母材等强度的要求。对于焊缝缺陷，在一定范围内可以通过提高焊工水平、改进工艺措施得到克服。

5) 焊条电弧焊易于分散应力和控制变形。所有焊接结构中，因受热应力的作用，都存在着焊接残余应力和变形，外形复杂的焊缝、长焊缝和大工件上的焊缝，其残余应力和变形问题更为突出。采用焊条电弧焊，可以通过工艺调整，如跳焊、逆向分段焊、对称焊等方法，来减少变形和改善应力分布。

6) 不需要辅助气体防护，并且具有较强的抗风能力。

2. 缺点

1) 焊接质量不稳定。焊条电弧焊的焊接质量与焊工的技能有关，培训焊工技能的难度较大，而且由于手工操作的随意性比较大，使焊接质量不稳定，这是焊条电弧焊的最大缺点。

2) 焊工劳动强度大，劳动条件差。焊接时，焊工始终在高温烘烤和有毒烟尘环境中进行手工操作，且需要用眼睛观察。

3) 生产效率低。与自动化焊接方法相比，焊条电弧焊使用的焊接电流较小，而且需要经常更换焊条，生产效率低。

4) 不适于焊接薄板和特殊金属。焊条电弧焊的焊接工件厚度一般在 1.5mm 以上，1mm 以下的薄板不适于焊条电弧焊。对于难熔金属（如 Ta、Mo 等），焊条电弧焊的气体保护作用不足以防止其氧化，导致焊接质量不高；对于低熔点金属（如 Ti、Nb、Zr 及其合金等），焊条电弧焊电弧的温度远远高于其熔点，所以也不能采用这种方法焊接。

2.2 焊条

2.2.1 焊条的组成及作用

焊条由药皮和焊芯（金属芯）组成，如图 2-3 所示。在焊条夹持端有一段裸焊芯，长约

10~35mm，有利于导电和焊钳夹持；在焊条引弧端药皮有 45°左右的倒角，便于引弧。焊条既可用作填充金属，又可用作电极，因此，焊条的性能直接影响着焊接质量。

　　焊条长度一般为 250~450mm，焊条直径是以焊芯直径来表示的，常用的有 φ2mm、φ2.5mm、φ3.2mm、φ4mm、φ5mm、φ6mm 等几种规格。焊条的牌号或型号一般印在焊条夹持端药皮处，便于焊工使用时识别。

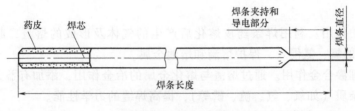

图 2-3　焊条的构造

1. 焊芯

　　（1）焊芯的作用　焊芯一般是一根具有一定长度及直径的钢丝，是经特殊冶炼的。焊芯一般有两个作用：一是焊芯本身熔化，作为填充金属，和液体母材金属熔合形成焊缝；二是传导电流，产生的电弧把电能转换成热能。

　　注：焊条电弧焊时，焊芯金属约占整个焊缝金属的 50%~70%，所以焊芯的化学成分直接影响焊缝的质量。

　　焊芯如果用于气焊、气体保护焊、埋弧焊、电渣焊等焊接方法作为填充金属时，则称为焊丝。

　　（2）焊芯的分类及牌号　根据国家的相关标准，焊芯的牌号编制方法为：

　　1）字母"H"表示焊丝。

　　2）在"H"后面的一位（不锈钢的质量分数为千分数）或两位（碳钢、低合金钢的质量分数为万分数）数字表示平均碳的质量分数。

　　3）后边的化学符号及其数字表示该元素大致的质量分数值，当其合金的质量分数小于 1% 时，该元素符号后面的数字可省略。

　　4）焊丝牌号尾部标有"A""E"时，表示该焊丝为优质或高级优质品，S、P 等有害杂质的含量更低。

　　焊丝牌号举例：

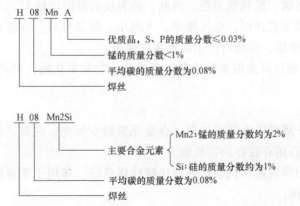

2. 药皮

焊条药皮压涂在焊芯表面上，是决定焊缝金属质量的主要因素之一。焊条的药皮和焊芯（不包括夹持端）之间有一个质量比例，这个比例称为药皮的质量系数，用 K_b 表示，K_b 一般在 40% ~ 60% 范围内。

（1）药皮的作用

1）改善焊接工艺性能。药皮能使电弧稳定燃烧、飞溅小、焊缝成形好、熔敷效率高，适合全位置焊接。

2）机械保护作用。利用焊条药皮熔化后产生的气体及形成的熔渣，起隔离气体的作用，防止空气中的氧、氮侵入，保护熔滴和熔池金属。

3）冶金处理渗合金作用。通过熔渣与熔化金属的冶金作用，添加有益元素（如硅、锰等），除去有害杂质（如氧、氢、硫、磷等），提高焊缝的力学性能。

（2）药皮的组成　焊条药皮是由各种矿物质、铁合金和金属类、有机物类及化工产品等原料组成的。焊条药皮组成物按其在焊接过程中的作用可分为稳弧剂、黏结剂、造渣剂、造气剂、稀释剂、合金剂、脱氧剂及增弹增塑增滑剂八类。

（3）药皮的类型　对于不同的焊芯和焊缝要求，必须有不同的药皮。根据国家相关标准，药皮一般分为以下七类：钛铁矿型、钛钙型、高纤维素钠型、高钛钠型、低氢钠型、低氢钾型和氧化铁型。

2.2.2　焊条的分类

焊条的分类方法很多，从不同的角度，可以有不同的分类方法。通常情况下有三种分类方法：按照焊条药皮熔化后熔渣的特性分类，按照用途分类和按照焊条的性能分类。

1. 按照焊条药皮熔化后熔渣的特性分类

按照焊条药皮熔化后熔渣的特性，焊条一般分为酸性焊条和碱性焊条。

（1）酸性焊条　酸性焊条熔渣的成分主要是酸性氧化物，其药皮类型为钛铁矿型、钛钙型、高纤维素钠型、高钛钠型和氧化铁型。

酸性焊条的特性：

1）酸性焊条可采用交流、直流焊接电源，多用于一般结构的焊接。

2）酸性焊条药皮氧化性强，使合金元素烧损较多，因而，力学性能较差，冲击韧度和塑性比碱性焊条低。

3）酸性焊条脱硫磷、脱氧能力低，因此，热裂纹的倾向比较大。

4）酸性焊条焊接工艺性好，电弧稳定，飞溅小，脱渣性好，焊缝成形美观，对工件的铁锈、油污等污物不敏感，焊接时产生的有害气体少。

（2）碱性焊条　碱性焊条熔渣的成分主要是氧化物和氟化钙，其药皮类型为低氢钠型、低氢钾型。

碱性焊条的特性：

1）碱性焊条由于焊缝中含氧量较低，合金元素很少氧化，脱氧、脱硫、脱磷的能力较强，而且药皮中的氟石还有较好的去氢能力。

2）焊缝金属的力学性能和抗裂性能都比酸性焊条好，多用于重要的焊接结构，如刚性较大或承受动载的结构。

3) 碱性焊条的工艺性较差，引弧困难，电弧稳定性差，飞溅较大，不易脱渣，必须采用短弧焊，不加稳定剂时只能采用直流电源焊接。

酸性焊条和碱性焊条的特性对比见表 2-1。

表 2-1　酸性焊条和碱性焊条的特性对比

焊条性质	酸 性 焊 条	碱 性 焊 条
药皮类型	钛钙型、高钛钠型、高纤维素钠型、氧化铁型及钛铁矿型等	低氢钠型、低氢钾型
主要特性	1. 对水、铁锈的敏感性不大，使用前经 100~150℃ 烘焙 1~2h 2. 电弧稳定，可用交流或直流电源施焊 3. 焊接电流较大 4. 可长弧操作 5. 合金元素过渡效果差 6. 熔深较浅，焊缝成形较好 7. 熔渣呈玻璃状，脱渣较方便 8. 焊缝的常、低温冲击韧度一般 9. 焊缝的抗裂性较差 10. 焊缝的含氢量较高，影响塑性 11. 焊接时烟尘较少	1. 对水、铁锈的敏感性较大，使用前经 300~350℃ 烘焙 1~2h 2. 需用直流反接施焊；药皮加稳弧剂后，可用交流或直流电源施焊 3. 焊接电流比同规格酸性焊条约小 10% 4. 需短弧操作，否则易引起气孔 5. 合金元素过渡效果好 6. 熔深稍深，焊缝成形一般 7. 熔渣呈结晶状，脱渣不及酸性焊条 8. 焊缝的常、低温冲击韧度较高 9. 焊缝的抗裂性好 10. 焊缝的含氢量低 11. 焊接时烟尘稍多

2. 按照用途分类

焊条按照用途分类，具有很大的实用性，应用范围很广。表 2-2 为焊条按照用途分类及其代号。

表 2-2　焊条按照用途分类及其代号

焊条型号				焊条牌号			
焊条大类（按化学成分分类）				焊条大类（按用途分类）			
国家标准编号	名称	代号	类别	名称	代号		
					拼音	汉字	
GB/T 5117—2012	非合金钢及细晶粒钢焊条	E	1	结构钢焊条	J	结	
GB/T 5118—2012	热强钢焊条	E	1	结构钢焊条	J	结	
			2	钼及铬钼耐热钢焊条	R	热	
			3	低温焊条	W	温	
GB/T 983—2012	不锈钢焊条	E	4	铬不锈钢焊条	G	铬	
				铬镍不锈钢焊条	A	奥	
GB/T 984—2001	堆焊焊条	ED	5	堆焊焊条	D	堆	
GB/T 10044—2006	铸铁焊条及焊丝	EZ	6	铸铁焊条	Z	铸	
—	—	—	7	镍及镍合金焊条	Ni	镍	
GB/T 3670—1995	铜及铜合金焊条	TCu	8	铜及铜合金焊条	T	铜	
GB/T 3669—2001	铝及铝合金焊条	TAl	9	铝及铝合金焊条	L	铝	
—	—	—	10	特殊用途焊条	Ts	特	

3. 按照焊条的性能分类

按照焊条的一些特殊使用性能和操作性能，可以将焊条分为低尘低毒焊条、超低氢焊条、铁粉高效焊条、水下焊条、立向下焊条、重力焊条、躺焊焊条、抗潮焊条和底层焊条等。

2.2.3　焊条的型号及牌号

焊条种类众多，同一类焊条中，根据不同特性分成不同的型号。同一型号的焊条在不同的焊条制造厂往往采用不同的牌号。目前，除研制的新焊条外，焊条牌号绝大部分已在全国统一。

1. 结构钢焊条

（1）焊条型号　结构钢焊条包括碳钢和低合金高强钢用的焊条。根据国家相关标准，碳钢焊条和低合金钢焊条型号是根据熔敷金属的力学性能、药皮类型、焊接位置和电流种类来划分的。

字母"E"表示焊条；前两位数字表示熔敷金属抗拉强度的最小值，单位为×10MPa；第三位数字表示焊条的焊接位置，"0"及"1"表示焊条适用于全位置焊接（平、立、仰、横），"2"表示焊条适用于平焊及平角焊，"4"表示焊条适用于向下立焊；第三位和第四位数字组合时表示焊接电流种类及药皮类型。

表 2-3　碳钢和低合金钢、高强钢焊条型号的第三、四位数字组成的含义

焊条型号	药皮类型	焊接位置	电流种类
E××00	特殊型	平、立、横、仰	交流或直流正、反接
E××01	钛铁矿型		
E××03	钛钙型		
E××10	高纤维素钠型		直流反接
E××11	高纤维素钾型		交流或直流反接
E××12	高钛钠型		交流或直流正接
E××13	高钛钠型		交流或直流正、反接
E××14	铁粉钛型		
E××15	低氢钠型		直流反接
E××16	低氢钠型		交流或直流反接
E××18	铁粉低氢型		
E××20	氧化铁型	平、平角	交流或直流正接
E××22			
E××23	铁粉钛钙型		交流或直流正、反接
E××24	铁粉钛型		
E××27	铁粉氧化铁型		交流或直流正接
E××28			交流或直流反接
E××48	铁粉低氢型	向下立	

低合金钢焊条还附有后缀字母，为熔敷金属的化学成分分类代号，并以短划"-"与前

面数字分开，见表 2-4；若还有附加化学成分，附加化学成分直接用元素符号表示，并以短划 "-" 与前面后缀字母分开。

表 2-4　低合金钢焊条熔敷金属化学成分分类

化学成分分类	代　号
碳钼钢焊条	E××××-A$_1$
铬钼钢焊条	E××××-B$_1$ ~ B$_5$
镍钢焊条	E××××-C$_1$ ~ C$_3$
镍钼钢焊条	E××××-NM
锰钼钢焊条	E××××-D$_1$ ~ D$_3$
其他低合金钼钢焊条	E××××-G、M、M$_1$、W

碳钢焊条和低合金钢焊条型号举例如下：

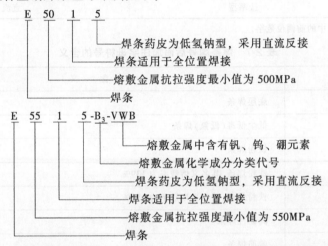

（2）焊条牌号　牌号首位字母 "J" 或汉字 "结" 字表示结构钢焊条。后面第 1、2 位数字表示熔敷金属抗拉强度的最小值（MPa 或 kgf/mm^2），见表 2-5。第 3 位数字表示药皮类型和焊接电源种类，见表 2-6。第 3 位数字后面按需要可加注字母符号表示焊条的特殊性能和用途，见表 2-7。

表 2-5　结构钢焊条熔敷金属的强度等级

焊条牌号	抗拉强度不小于/MPa（kgf/mm^2）	屈服强度不小于/MPa（kgf/mm^2）
J42×	420(43)	330(34)
J50×	490(50)	410(42)
J55×	540(55)	440(45)
J60×	590(60)	530(54)
J70×	690(70)	590(60)
J75×	740(75)	640(65)
J80×	790(80)	—
J85×	830(85)	740(75)
J10×	980(100)	—

表 2-6　焊条牌号第 3 位数字的含义

焊条牌号	药皮类型	焊接电源种类
J××0	不定型	不规定
J××1	氧化钛型	交流或直流
J××2	钛钙型	
J××3	钛铁矿型	
J××4	氧化铁型	
J××5	纤维素型	
J××6	低氢钾型	
J××7	低氢钠型	直流
J××8	石墨型	交流或直流
J××9	盐基型	直流

注："××" 表示牌号中的前两位数字。

表 2-7　焊条牌号后面加注字母符号的含义

字 母 符 号	含 义
D	底层焊条
DF	低尘低毒(低氟)焊条
Fe	铁粉焊条
Fe13	铁粉焊条,其名义熔敷率为 139%
Fe18	铁粉焊条,其名义熔敷率为 180%
G	高韧性焊条
GM	盖面焊条
GR	高韧性压力用焊条
H	超低氢焊条
LMA	低吸潮焊条
R	压力容器用焊条
RH	高韧性低氢焊条
SL	渗铝钢焊条
X	向下立焊用焊条
XG	管子用向下立焊用焊条
Z	重力焊条
Z15	重力焊条,其名义熔敷率为 150%
CuP	含 Cu 和 P 的耐大气腐蚀焊条
CrNi	含 Cr 和 Ni 的耐海水腐蚀焊条

常用碳钢焊条型号与牌号对照见表 2-8。

表 2-8　常用碳钢焊条型号与牌号对照

序号	型号	牌号	序号	型号	牌号
1	E4303	J422	5	E5003	J502
2	E4323	J422Fe	6	E5016	J506
3	E4316	J426	7	E5015	J507
4	E4315	J427			

常用低合金钢焊条型号与牌号对照见表 2-9。

表 2-9　常用低合金钢焊条型号与牌号对照

序号	型号	牌号	序号	型号	牌号
1	E5015-G	J507MoNb J507NiCu	8	E5503-B1 E5515-B1	R202 R207
2	E5015-G	J557 J557Mo J557MoV	9	E5503-B2 E5515-B2	R302 R307
3	E6015-G	J607Ni	10	E551-B3-VWB	R347
4	E6015-D1	J607	11	E6015-B3	R407
5	E7015-D2	J707	12	E1-5MoV-15	R507
6	E8515-G	J857	13	E5515-C1	W707Ni
7	E5015-A1	R107	14	E5515-C2	W907Ni

2. 不锈钢焊条

（1）焊条型号　根据国家标准，不锈钢焊条型号是根据熔敷金属的化学成分、药皮类型、焊接位置和电流种类来划分的。

字母"E"表示焊条；"E"后面的数字表示熔敷金属化学成分分类代号，如有特殊要求的化学成分，该化学成分用元素符号表示，放在数字后面，数字后面的字母"L"表示碳含量较低，"H"表示碳含量较高，"R"表示硫、磷、硅含量较低；短划"—"后面的两位数字表示焊条药皮类型、焊接位置及焊接电流种类，见表 2-10。

表 2-10　焊接电流、药皮类型及焊接位置

焊条型号	焊接电流	焊接位置	药皮类型
E×××(×)-15	直流反接	全位置	碱性药皮
E×××(×)-25		平焊、横焊	
E×××(×)-16	交流或直流反接	全位置	碱性药皮或钛型、钛钙型
E×××(×)-17			
E×××(×)-36		平焊、横焊	

焊条型号举例如下：

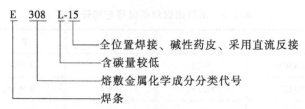

（2）焊条牌号 牌号首位字母用"G"或汉字"铬"字表示铬不锈钢焊条，如果为"A"或汉字"奥"，则表示奥氏体铬镍不锈钢焊条。后面第1位数字表示熔敷金属主要化学成分组成的等级，见表2-11。第2位数字表示熔敷金属主要化学成分组成等级中的不同牌号，同一组成等级的焊条，可有10个序号，从0、1、2、…、9顺序排列。第3位数字表示药皮类型和电源种类，见表2-6。

表 2-11 不锈钢焊条熔敷金属主要化学成分组成的等级

焊条牌号	熔敷金属主要化学成分组成等级	焊条牌号	熔敷金属主要化学成分组成等级
G2××	铬的质量分数约为13%	A4××	铬的质量分数26%,镍的质量分数为21%
G3××	铬的质量分数约为17%	A5××	铬的质量分数为16%,镍的质量分数为25%
A0××	碳的质量分数≤0.04%	A6××	铬的质量分数为16%,镍的质量分数为35%
A1××	铬的质量分数为19%,镍的质量分数为10%	A7××	铬-锰-氮不锈钢
A2××	铬的质量分数为18%,镍的质量分数为12%	A8××	铬的质量分数为18%,镍的质量分数为18%
A3××	铬的质量分数为23%,镍的质量分数为13%	A9××	铬的质量分数为20%,镍的质量分数为34%

焊条牌号举例：

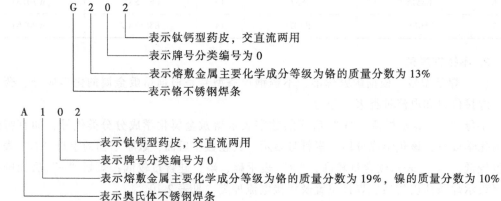

常用不锈钢焊条型号与牌号对照见表2-12。

表 2-12 常用不锈钢焊条型号与牌号对照

序号	型号（新）	型号（旧）	牌号	序号	型号（新）	型号（旧）	牌号
1	E410-16	E1-13-16	G202	8	E309-15	E1-23-13-15	A307
2	E410-16	E1-13-15	G207	9	E310-16	E2-26-21-16	A402
3	E410-15	E1-13-15	G217	10	E310-15	E2-26-21-15	A407
4	E308L-16	E00-19-10-16	A002	11	E347-16	E0-19-10Nb-16	A132
5	E308-16	E0-19-10-16	A102	12	E347-15	E0-19-10Nb-15	A137
6	E308-15	E0-19-10-15	A107	13	E316-16	E0-18-12Mo2-16	A202
7	E308-16	E1-23-13-16	A302	14	E316-15	E0-18-12Mo2-15	A207

2.2.4　焊条的选用保管及使用

1. 焊条的选用

(1) 焊条选用基本原则　焊条的种类繁多,每种焊条都有一定的特性和用途。为了保证产品质量、提高生产效率和降低生产成本,必须正确选用焊条。焊条的选用应根据组成焊接结构钢材的化学成分、力学性能、焊接性、工作环境、焊接结构、受力情况和焊接设备等方面进行综合考虑,其中最重要的因素是技术要求。在实际选择焊条时,除了要考虑经济性、施工条件、焊接效率和劳动条件之外,还应考虑以下原则:

1) 等强度原则。对于承受静载荷或一般载荷的工件或结构,通常按焊缝与母材等强度原则选用焊条,即要求焊缝与母材抗拉强度相等或相近。

2) 等条件原则。根据工件或焊接结构的工作条件和特点来选用焊条。如在焊接承受动载荷或冲击载荷的工件时,应选用熔敷金属冲击韧性较高的碱性焊条;而在焊接一般结构时,则可选用酸性焊条。

3) 等同性原则。在特殊环境下工作的焊接结构,如耐腐蚀、高温或低温等,为了保证使用性能,应根据熔敷金属与母材性能相同或相近的原则选用焊条。

(2) 碳钢焊条的选用　根据我国碳钢焊条标准,目前使用的碳钢焊条主要有 E43 系列及 E50 系列两种型号。

低碳钢焊接时,一般结构可选用酸性焊条,承受动载荷或复杂的厚壁结构及低温使用时选用碱性焊条;中碳钢焊接时,由于含碳量较高,易发生焊接裂纹,因而应选用碱性焊条或使焊缝金属具有良好塑性及韧性的焊条,并应进行预热和缓冷处理;高碳钢焊接时,焊材的选用应视产品的设计要求而定,当强度要求高时,可用 J707 (E7015-G) 或 J607 (E6015-G) 焊条,而强度要求不高时,可选用 J506 (E5016) 或 J507 (E5015) 焊条。

(3) 低合金钢焊条的选用　焊接热轧及正火钢时,主要依据是保证焊缝金属的强度、塑性和冲击韧性等力学性能与母材相匹配。焊接大厚度构件时,为了防止产生焊接裂纹,可采用"低强匹配"原则,即选用熔敷金属强度低于母材的焊条。焊接低碳调质钢时,应严格控制氢,因而一般选用低氢型或超低氢型焊条。焊接中碳调质钢时,为了确保焊缝金属的塑性、韧性和强度符合要求,提高抗裂性,应采用低碳合金系列,尽量降低焊缝金属的硫、磷杂质含量。

2. 焊条的保管

1) 焊条必须在干燥、通风良好的室内仓库中存放。焊条所储存的库内,不允许放置有害气体和腐蚀介质。焊条应放在离地面和墙壁面的距离均不小于 300mm 的架子上,防止受潮。

2) 焊条堆放时应按种类、牌号、批次、规格和入库时间分类堆放,并应有明确标识,避免混乱。

3) 一般一次焊条出库量不能超过两天用量,已经出库的焊条焊工必须保管好。

4) 保证焊条在供给使用单位后 6 个月之内使用,入库的焊条应做到先入库的先使用。

5) 特种焊条储存与保管应高于一般性焊条,应堆放在专用仓库或指定的区域,受潮或包装破损的焊条未经处理不准入库。

6) 焊条所储存的库内应设置温度计和湿度计。低氢型焊条室内温度不低于 50℃,相对空气湿度不低于 60%。

7）受潮、药皮变色、焊芯有锈迹的焊条，需经烘干后进行质量评定，只有各项性能指标满足要求时方可入库，否则不能入库。

3. 焊条的使用

1）焊条在使用前，一般要烘干，酸性焊条视受潮情况在 75~1500℃烘干 1~2h；碱性低氢型结构钢焊条应在 350~4000℃烘干 1~2h。烘干的焊条应放在 100~1500℃保温箱（筒）内，随用随取，使用时注意保持干燥。

2）低氢型焊条一般在常温下超过 4h 就应重新烘干，重复次数不宜超过三次。

3）焊条烘干时应做记录，记录上应有牌号、批号、温度和时间等内容。

4）在焊条烘干期间，应有专门负责的技术人员，负责对操作过程进行检查和核对，每批焊条不得少于一次，并在操作记录上签名。

5）烘干焊条时，焊条不应成垛或成捆地堆放，应铺放成层状，每层焊条堆放不能太厚（一般 1~3 层），避免焊条烘干时受热不均和潮气不易排除。

6）焊工在领用焊条时，必须根据产品要求填写领用单，其填写项目包括型号，产品图号，被焊工件号，以及领用焊条的牌号、规格、数量及领用时间等，并作为下班时回收剩余焊条的核查依据。

7）烘干焊条时，取出和放进焊条应防止焊条因骤冷骤热而产生药皮开裂、脱皮现象。

8）露天操作隔夜时，必须将焊条妥善保管，不允许露天存放，应在低温烘箱中恒温保存，否则次日使用前还要重新烘干。

9）防止焊条牌号用错，除应建立焊接材料领用制度外，还需建立焊条头回收制度，以防剩余焊条散失生产现场。

2.3 焊条电弧焊的设备及工具

焊条电弧焊的焊接设备主要有弧焊电源、焊钳和焊接电缆，此外，还有钢丝刷、面罩、焊条保温筒等，后者统称为辅助工具或设备。

2.3.1 焊条电弧焊的弧焊电源

1. 弧焊电源的基本要求

弧焊电源是为电弧负载提供电能并保证焊接工艺过程稳定的装置。电弧是电弧焊的一个动态负载，能否获得优质焊缝的主要影响因素之一是电弧能否稳定燃烧，而影响电弧能否稳定燃烧的首要因素是弧焊电源，因此，弧焊电源除了具有一般电力电源的特点外，还要具有引弧容易、电弧稳定、焊接规范稳定可调等适应电弧复杂的特性，为满足上述要求，弧焊电源应具备以下要求。

（1）对弧焊电源外特性的要求　　在电源内部参数一定的条件下，改变负载时，电源输出的电压稳定值 U_y，与输出的电流稳定值 I_y 之间的关系曲线称为电源的外特性。弧焊电源的外特性又称弧焊电源的伏安特性或静特性。

弧焊电源的外特性可用弧焊电源的外特性曲线表示，弧焊电源的外特性基本上有三种类型：

1）下降外特性，即随着输出电流增加，输出电压降低，又分为陡降外特性和缓降外特性，主要用于焊条电弧焊、钨极氩弧焊、埋弧焊和粗丝 CO_2 气体保护电弧焊。

2）平外特性，即输出电流变化时，输出电压基本不变，主要用于等速送丝的熔化极气体保护电弧焊。

3）上升外特性，即随着输出电流增大，输出电压上升。

焊条电弧焊使用具有陡降外特性的弧焊电源。

（2）对弧焊电源空载电压的要求　当弧焊电源接通电网而焊接回路为开路时，弧焊电源输出端电压称为空载电压。

为保证焊接电弧的顺利引燃和电弧的稳定燃烧，需要焊接电源必须具有一定的空载电压。根据有关标准规定，弧焊整流器的空载电压一般在 90V 以下，弧焊变压器的空载电压一般在 80V 以下。

（3）对弧焊电源稳态短路电流的要求　弧焊电源稳态短路电流是弧焊电源所能稳定提供的最大电流，即输出端短路时的电流。

在引弧和金属熔滴过渡时，经常发生短路。如稳态短路电流太小，则会因电磁收缩力不足而使引弧和焊条熔滴过渡产生困难；稳态短路电流过大，焊条过热，易引起药皮脱落，并增大熔滴过渡时的飞溅。因此，对于下降外特性的弧焊电源，一般要求稳态短路电流为焊接电流的 1.25~1.5 倍。

（4）对弧焊电源调节特性的要求　焊接时，根据焊条、焊丝的直径，焊接接头的位置、形式，焊接材料的形式、厚度等不同，需选择不同的焊接电流。这就要求弧焊电源能在一定的范围内对焊接电流做出灵活的、均匀的调节，保障焊接接头的质量。

焊条电弧焊的焊接电流变化范围一般在 100~400A 之间。

（5）对弧焊电源动特性的要求　在电弧动态负载发生变化时，弧焊电源输出的电压与电流的响应过程，称为弧焊电源的动特性，即表示弧焊电源对动态负载瞬间变化的反应能力。

焊接电弧对弧焊电源来说，是一个变化着的动态负载。在焊接过程中，由于熔滴的过渡可能造成短路，使电弧长度、电弧电压和焊接电流瞬间变化。动特性合适时，引弧容易，电弧稳定，飞溅小，焊缝良好。动特性是衡量弧焊电源质量的一个重要指标。

2. 弧焊电源的分类

弧焊电源种类很多，其分类方法也不尽相同。按照结构原理可分为交流弧焊电源、直流弧焊电源、脉冲弧焊电源和逆变式弧焊电源四种类型。按弧焊电源输出的焊接电流波形的形状可将弧焊电源分为交流弧焊电源、直流弧焊电源和脉冲弧焊电源三种类型。

每种类型的弧焊电源根据其结构特点不同又可分为多种形式。

（1）交流弧焊电源　交流弧焊电源包括工频交流弧焊电源（弧焊变压器）、矩形波交流弧焊电源。

1）工频交流弧焊电源即弧焊变压器，它把电网的交流电变成适合于电弧焊的低电压交流电，由变压器、电抗器等组成。工频交流电源具有结构简单、易造易修、成本低、磁偏吹小、空载损耗小、噪声小等优点。但其输出电流波形为正弦波，因此，电弧稳定性较差，功率因数低，一般用于焊条电弧焊、埋弧焊和钨极惰性气体保护电弧焊等方法。

2）矩形波交流弧焊电源是利用半导体控制技术来获得矩形交流电流的。由于输出电流过零点时间短，电弧稳定性好，正负半波通电时间和电流比值可以自由调节，此特点适合于铝及铝合金钨极氩弧焊。

（2）直流弧焊电源

1）直流弧焊发电机　一般由特种直流发电机、调节装置和指示装置等组成。按驱动动力的不同，直流弧焊发电机可分为两种：以电动机驱动的并与发电机组成一体的称为直流弧焊电动发电机；以柴（汽）油驱动并与发电机组成一体的，称为直流弧焊柴（汽）油发电机。它与弧焊整流器相比，制造复杂，噪声及空载损耗大，效率低，价格高；但其抗过载能力强，输出脉动小，受电网电压波动的影响小，一般用于碱性焊条电弧焊。

2）弧焊整流器　是由变压器、整流器及为获得所需外特性的调节装置、指示装置等组成的。它把电网交流电经降压整流后变成直流电。与直流弧焊发电机相比，它具有制造方便、价格低、空载损耗小、噪声小等优点。而且大多数弧焊整流器可以远距离调节焊接参数，能自动补偿电网电压波动对输出电压和电流的影响。它可作为各种弧焊方法的电源。

（3）逆变式弧焊电源　它把单相（或三相）交流电经整流后，由逆变器转变为几百至几万赫兹的中频交流电，降压后输出交流或直流电。整个过程由电子电路控制，使电源获得符合要求的外特性和动特性。它具有高效节能、重量轻、体积小、功率因数高等优点，可应用于各种弧焊方法，是一种很有前途的普及型弧焊电源。顺便指出，逆变式弧焊电源既可以输出交流电，又可以输出直流电。但目前常用后种形式，因此又可把它称为逆变式弧焊整流器。

（4）脉冲弧焊电源　焊接电流以低频调制脉冲方式馈送，一般由普通的弧焊电源与脉冲发生电路组成。它具有效率高、热输入较小、热输入调节范围宽等优点，主要用于气体保护电弧焊和等离子弧焊。

3. 弧焊电源的型号

根据国家标准规定，弧焊电源型号采用汉语拼音字母和阿拉伯数字表示，弧焊电源型号的各项编排次序及含义如下：

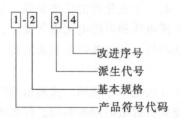

型号中的 3 项用汉语拼音字母表示；2、4 两项用阿拉伯数字表示；3、4 项如不用时，可空缺。改进序号按产品改进用阿拉伯数字连续编号。

产品符号代码的编排次序及含义如下：

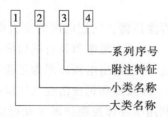

产品符号代码中 1、2、3 各项用汉语拼音字母表示；4 项用阿拉伯数字表示；附注特征

和系列序号用于区别同小类的各系列和品种，包括通用和专用产品；3、4 项如果不需表达时，可以只用 1、2 项；可同时兼作几大类焊机使用时，其大类名称的代表字母按主要用途选取；1、2、3 项的汉语拼音字母表示的内容，不能完全表达该焊机的功能或有可能存在不合理的表述时，产品的符号代码可以由该产品的产品标准规定。

部分产品符号代码的代表字母及序号的编制实例见表 2-13。

表 2-13　部分产品的符号代码

产品名称	第一字母		第二字母		第三字母		第四字母	
	代表字母	大类名称	代表字母	小类名称	代表字母	附注特征	数字序号	系列序号
电弧焊机	B	交流弧焊机（弧焊变压器）	X P	下降特性 平特性	L	高空载电压	省略 1 2 3 4 5 6	磁放大器或饱和电抗器式 动铁心式 串联电抗器式 动圈式 晶闸管式 变换抽头式
	A	机械驱动的弧焊机（弧焊发电机）	X P D	下降特性 平特性 多特性	省略 D Q C T H	电动机驱动 单纯弧焊发电机 汽油机驱动 柴油机驱动 拖拉机驱动 汽车驱动	省略 1 2	直流 交流发电机整流 交流
	Z	直流弧焊机（弧焊整流器）	X P D	下降特性 平特性 多特性	省略 M L E	一般电源 脉冲电源 高空载电压 交直流两用电源	省略 1 3 4 5 6 7	磁放大器或饱和电抗和电抗器式 动铁心式 动线圈式 晶体管式 晶闸管式 变换抽头式 逆变式
	M	埋弧焊机	Z B U D	自动焊 半自动焊 堆焊 多用	省略 J E M	直流 交流 交直流 脉冲	省略 1 2 3 9	焊车式 横臂式 机床式 焊头悬挂式
	N	MIG/MAG 焊机（熔化极惰性气体保护弧焊机/活性气体保护弧焊机）	Z B D U G	自动焊 半自动焊 点焊 堆焊 切割	省略 M C	直流 脉冲 CO_2 保护焊	省略 1 2 3 4 5 6 7	焊车式 全位置焊车式 横臂式 机床式 旋转焊头式 台式 焊接机器人 变位式

（续）

产品名称	第一字母		第二字母		第三字母		第四字母	
	代表字母	大类名称	代表字母	小类名称	代表字母	附注特征	数字序号	系列序号
电弧焊机	W	TIG焊机	Z	自动焊	省略	直流	省略	焊车式
			S	手工焊	J	交流	1	全位置焊车式
			D	点焊	E	交直流	2	横臂式
			Q	其他	M	脉冲	3	机床式
							4	旋转焊头式
							5	台式
							6	焊接机器人
							7	变位式
							8	真空充气式
	L	等离子弧焊机/等离子弧切割机	G	切割	省略	直流等离子	省略	焊车式
			H	焊接	R	熔化极等离子	1	全位置焊车式
			U	堆焊	M	脉冲等离子	2	横臂式
			D	多用	J	交流等离子	3	机床式
					S	水下等离子	4	旋转焊头式
					F	粉末等离子	5	台式
					E	热丝等离子	8	手工等离子
					K	空气等离子		
电渣焊接设备	H	电渣焊机	S	丝板				
			B	板极				
			D	多用极				
			R	熔嘴				
	H	钢盘电渣压力焊机	Y		S	手动式		
					Z	自动式		
					F	分体式		
					省略	一体式		
电阻焊机	D	点焊机	N	工频	省略	一般点焊	省略	垂直运动式
			R	电容储能	K	快速点焊	1	圆弧运动式
			J	直流冲击波			2	手提式
			Z	次级整流			3	悬挂式
			D	低频				
			B	逆变	W	网状点焊	6	焊接机器人
	T	凸焊机	N	工频			省略	垂直运动式
			R	电容储能				
			J	直流冲击波				
			Z	次级整流				
			D	低频				
			B	逆变				

（续）

产品名称	第一字母代表字母	第一字母大类名称	第二字母代表字母	第二字母小类名称	第三字母代表字母	第三字母附注特征	第四字母数字序号	第四字母系列序号
电阻焊机	F	缝焊机	N	工频	省略	一般缝焊	省略	垂直运动式
			R	电容储能	Y	挤压缝焊	1	圆弧运动式
			J	直流冲击波	P	垫片缝焊	2	手提式
			Z	次级整流			3	悬挂式
			D	低频				
			B	逆变				
	U	对焊机	N	工频	省略	一般对焊	省略	固定式
			R	电容储能	B	薄板对焊	1	弹簧加压式
			J	直流冲击波	Y	异形截面对焊	2	杠杆加压式
			Z	次级整流	G	钢窗闪光对焊	3	悬挂式
			D	低频	C	自动车轮圈对焊		
			B	逆变	T	链条对焊		
	K	控制器	D	点焊	省略	同步控制	1	分立元件
			F	缝焊	F	非同步控制	2	集成电路
			T	凸焊	Z	质量控制	3	微机
			U	对焊				
螺柱焊机	R	螺柱焊机	Z	自动	M	埋弧		
			S	手工	N	明弧		
					R	电容储能		
摩擦焊接设备	C	摩擦焊机	省略	一般旋转式	省略	单头	省略	卧式
			C	惯性式	S	双头	1	立式
			Z	振动式	D	多头	2	倾斜式
		搅拌摩擦焊机				产品标准规定		
电子束焊机	E	电子束焊枪	Z	高真空	省略	静止式	省略	二极枪
			D	低真空		电子枪	1	三极枪
			B	局部真空	Y	移动式		
			W	真空外				
光束焊接设备	G	光束焊机	S	光束			1	单管
							2	组合式
							3	折叠式
							4	横向流动式
	G	激光焊机	省略	连续激光	D	固体激光		
					Q	气体激光		
			M	脉冲激光	Y	液体激光		
超声波焊机	S	超声波焊机	D	点焊			省略	固定式
			F	缝焊			2	手提式
钎焊机	Q	钎焊机	省略	电阻钎焊				
			Z	真空钎焊				

2.3.2　焊条电弧焊常用的工具

1. 焊钳

焊钳是用来夹持焊条进行焊接的工具,其主要作用是使焊工能夹住和控制焊条,同时也起着从焊接电缆向焊条传导焊接电流的作用。焊钳应具有良好的导电性、不易发热、质量小、夹持焊条牢固及装换焊条方便等特性。焊钳的构造如图 2-4 所示,主要由钳口、固定销、弯臂罩壳、弯臂、直销、弹簧、胶木手柄和焊接电缆固定处等组成。

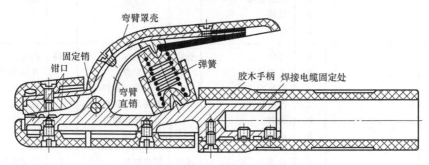

图 2-4　焊钳的构造

焊钳有各种规格,以适应各种规格的焊条直径。每种规格焊钳,是根据所要夹持的最大直径焊条需用的电流设计的。常用的市售焊钳有 300A 和 500A 两种,其技术指标见表 2-14。

表 2-14　常用焊钳的技术指标

焊钳型号	160A 型		300A 型		500A 型	
额定焊接电流/A	160		300		500	
负载持续率(%)	60	35	60	35	60	35
焊接电流/A	160	220	300	400	500	560
适用焊条直径/mm	1.6~4		2~5		3.2~8	
连接电缆截面面积/mm²	25~35		35~50		70~95	
手柄温度/℃	≤40		≤40		≤40	
L 形尺寸(A/mm)×(B/mm)×(C/mm)	220×70×30		235×80×36		258×86×38	
质量/kg	0.24		0.34		0.40	

2. 快速接头

快速接头是一种快速地连接焊接电缆与焊接电源的装置。其主体采用导电性好并具有一定强度的黄铜加工而成,外套采用氯丁橡胶。它具有轻便实用、接触电阻小、无局部过热、操作简单、连接快、拆卸方便等特点。

3. 接地夹钳

接地夹钳是将焊接导线或接地电缆接到工件上的一种器具。接地夹钳必须能形成牢固的连接,而且能快速、容易地夹到工件上。对于低负载持续率来说,弹簧夹钳比较合适。使用大电流时,需要螺纹夹钳,以便夹钳不过热并形成良好的连接。

4. 焊接电缆

焊接电缆一般用于将焊钳和接地夹钳接到电源上。焊接电缆是焊接回路的一部分,除要求应具有足够的导电截面以免过热而引起导线绝缘破损外，还必须耐磨和耐擦伤，柔软易弯曲，具有最大的挠度，以便焊工容易操作，减轻劳动强度。焊接电缆应采用多股细铜线电缆，一般电焊机可选用 YHH 型橡套电缆或 YHHR 型橡套电缆。焊接电缆的截面面积可根据焊机额定焊接电流进行选择，焊接电缆截面与电流、电缆长度的关系见表 2-15。

表 2-15　焊接电缆截面与电流、电缆长度的关系

额定电流/A	电缆长度/m						
	20	30	40	50	60	70	80
	电缆截面面积/mm²						
100	25	25	25	25	25	25	25
150	35	35	35	35	50	50	60
200	35	35	35	50	60	70	70
300	35	50	60	70	85	85	85
400	35	50	60	70	85	85	85
500	50	60	70	85	95	95	95

5. 面罩及护目玻璃

面罩及护目玻璃是为防止焊接时的飞溅物、强烈弧光及其他辐射对焊工面部及颈部造成灼伤的一种遮蔽工具。面罩有手持式和头盔式两种。护目玻璃安装在面罩正面，用来减弱弧光强度，吸收由电弧发射的红外线、紫外线和大多数可见光线。焊接时，焊工通过护目玻璃观察熔池情况，正确掌握和控制焊接过程，避免眼睛受弧光灼伤。

护目玻璃有各种色泽，目前以墨绿色的为多。为改善防护效果，受光面可以镀铬。护目玻璃的颜色有深浅之分，应根据焊接电流大小、焊工年龄和视力情况来确定。护目玻璃的选用见表 2-16。护目玻璃外侧应加一块同尺寸的一般玻璃，以防止金属飞溅物的污染。

表 2-16　焊工护目玻璃的选用

护目玻璃色号	颜色深浅	适用焊接电流/A	尺寸（长/mm）×（宽/mm）×（厚/mm）
7~8	较浅	≤100	
9~10	中等	100~350	107×50×2
11~12	较深	≥350	

6. 焊条保温筒

焊条保温筒是焊工焊接操作现场必备的辅具，携带方便。将已烘干的焊条放在保温筒内供现场使用，起到防粘泥土、防潮、防雨淋等作用，能够避免焊接过程中焊条药皮的含水率上升。

7. 防护用具

焊工穿防护服是为了防止焊接时触电及被弧光和金属飞溅物灼伤。焊工焊接时，必须戴皮革手套、工作帽，穿好白帆布工作服、脚盖、绝缘鞋等。焊工在敲渣时，应戴有平光眼镜。

8. 其他辅具

焊接中的清理工作很重要，必须清除掉工件和前层熔敷的焊缝金属表面上的油垢、熔渣和对焊接有害的任何其他杂质。为此，焊工应备有角向磨光机、钢丝刷、清渣锤、扁铲和锉刀等辅具。另外，在排烟情况不好的场所进行焊接作业时，应配有电焊烟雾吸尘器或排风扇等辅助器具。

2.4　焊条电弧焊工艺、常见焊接缺陷及防止措施

2.4.1　焊条电弧焊工艺

1. 焊前准备

焊前准备主要包括焊条烘干、焊接区域的清理、坡口的选择与准备、工件装配定位和焊前预热等。因工件材料不同等因素，焊前准备工作也不同。以碳钢及普通低合金钢为例，一般需做好以下准备工作。

（1）坡口的选择与准备　坡口形式取决于工件厚度、焊接接头形式及对接头质量的要求。根据板厚的不同，焊条电弧焊接头常用的坡口类型有 I 形、Y 形、X 形和 U 形等。

坡口的制备一般根据工件的形状、尺寸及加工条件综合考虑进行选择，目前，常用车削、铣、气割、剪切等方法进行制备。

（2）焊接区域的清理　焊前一般对接头坡口及其附近（20mm 内）的表面进行除锈、油污、漆和水等处理。不同焊条，焊前区域的清理也不相同：

1）用酸性焊条焊接时，酸性焊条对锈不很敏感，若锈蚀较轻，而且对焊缝质量要求不高，可以不清理。

2）用碱性焊条焊接时，清理要求严格彻底，否则极易产生气孔和延迟裂纹。

清理时，可用除油剂（汽油、丙酮）进行清洗，也可选用砂轮、钢丝刷等工具，以及喷丸处理等方法。在特殊情况下，还可以选用氧乙炔焰烘烤待清理的部位，以去除工件表面的氧化皮和油污。

（3）工件的装配定位　焊前的装配定位主要是使工件定位对正，以达到预定坡口的尺寸和形状。装配间隙沿接头长度上的均匀度及大小对焊接生产效率、质量及制造成本有很大影响。经装配各工件的位置确定后，用夹具把工件固定起来，然后进行焊接。

2. 焊接参数及其选择

焊接参数是指焊接时，为保证焊接质量而选定的物理量的总称。焊条电弧焊的焊接参数主要包括焊条直径、焊接电流、电弧电压、电源种类和极性、焊接速度、焊缝层数、热输入等。

（1）焊条直径　焊条直径是指焊芯直径。焊条直径一般根据焊件厚度、焊接位置、接头形式、焊接层数等进行选择。选择焊条直径的时候，要注意以下几个方面：

1）厚度较大的焊件，搭接和 T 形接头的焊缝应选用直径较大的焊条。

2）对于小坡口焊件，为了保证底层焊透，宜采用较细直径的焊条，如打底焊时一般选用 $\phi 2.5$mm 或 $\phi 3.2$mm 的焊条。

3）不同的焊接位置，选用的焊条直径也不同。通常平焊时选用较粗的 $\phi(4.0 \sim 6.0)$mm 的焊条，立焊和仰焊时选用 $\phi(3.2 \sim 4.0)$mm 的焊条，横焊时选用 $\phi(3.2 \sim 5.0)$mm 的焊条。

4）在进行多层焊接时，如果第一层焊缝所采用的焊条直径过大，会造成因电弧过长而

不能焊透。因此，为了防止根部焊不透，对多层焊的第一层焊道，应采用直径较小的焊条进行焊接，以后各层可以根据焊件厚度，选用较大直径的焊条。

5）对于特殊钢材，需要小工艺参数焊接时可选用小直径焊条。

根据工件厚度选择焊条直径时，可参考表 2-17。对于重要结构，应根据规定的焊接电流范围（热输入）确定焊条直径。

表 2-17　焊条直径与工件厚度的关系　　　　　　　　（单位：mm）

工件厚度	2	3	4~5	6~12	>13
焊条直径	2	3.2	3.2~4	4~5	4~6

（2）焊接电流　焊接时，流经焊接回路的电流称为焊接电流。焊接电流是焊条电弧焊的主要工艺参数，焊工在操作过程中需要调节的只有焊接电流。焊接电流的选择直接影响着焊接质量和劳动生产率，具体影响表现如下：

1）焊接电流越大，熔深越大，焊条熔化越快，焊接效率也越高。但是焊接电流太大时，飞溅和烟雾大，焊条尾部易发红，部分涂层要失效或崩落，而且容易产生咬边、焊瘤和烧穿等缺陷，增大焊件变形，还会使接头热影响区晶粒粗大，焊接接头的韧性降低。

2）焊接电流太小，则引弧困难，焊条容易粘连在工件上，电弧不稳定，易产生未焊透、未熔合、气孔和夹渣等缺陷，且生产率低。

因此，选择焊接电流时，应根据焊条类型、焊条直径、焊件厚度、接头形式、焊缝位置及焊接层次来综合考虑。首先应保证焊接质量，其次应尽量采用较大的电流，以提高生产效率。板厚较大的 T 形接头和搭接接头，在施焊环境温度低时，由于导热较快，所以焊接电流要大一些。但主要考虑焊条直径、焊接位置和焊接层次等因素。

1）考虑焊条直径。焊条直径越粗，熔化焊条所需的热量越大，必须增大焊接电流。每种焊条都有一个最合适的电流范围，表 2-18 是焊条直径与焊接电流的关系。

表 2-18　焊条直径与焊接电流的关系

焊条直径/mm	1.6	2.0	2.5	3.2	4	5	6
焊接电流/A	25~40	40~65	50~80	100~130	160~210	200~270	260~300

当使用碳钢焊条焊接时，还可以根据选定的焊条直径，用下面的经验公式计算焊接电流，即

$$I = dK$$

式中，I 为焊接电流（A）；d 为焊条直径（mm）；K 为经验系数（A/mm），其取值见表 2-19。

表 2-19　焊接电流经验系数与焊条直径的关系

焊条直径 d/mm	1.6	2~2.5	3.2	4~6
经验系数 K/（A/mm）	20~25	25~30	30~40	40~50

2）考虑焊接位置。在考虑焊接位置影响的情况下，应按以下原则选择电流：

① 在相同焊条直径的条件下，焊接平焊缝时，由于运条和控制熔池中的熔化金属较容易，可以选择较大电流进行焊接。

② 其他位置焊接时，为避免熔化金属从熔池中流出，应尽量降低焊接电流，减小熔池

体积。例如：仰焊的焊接电流比平焊的焊接电流小 15%~20%，横焊、立焊的焊接电流比平焊的焊接电流小 10%~15%。

3）考虑焊条类型。其他条件相同时，碱性焊条使用的焊接电流比酸性焊条小 10%~15%，否则焊缝中易形成气孔。不锈钢焊条使用的焊接电流比碳钢焊条小 15%~20%。

4）考虑焊接层次。在考虑焊接层次影响的情况下，应按以下原则选择电流：

① 焊接打底层焊道时，特别是单面焊双面成形时，为保证背面焊道的质量，使用的焊接电流应较小。

② 焊接填充焊道时，为提高效率，保证熔合良好，常使用较大的焊接电流。

③ 焊接盖面焊道时，为防止咬边和保证焊道成形美观，使用的焊接电流比填充层稍小些。

在实际焊接过程中，一般根据焊条直径进行初步选择，焊接电流初步选定后，要经过试焊，检查焊缝成形和缺陷，才可确定。对于有力学性能要求的重要结构如锅炉、压力容器等，要经过焊接工艺评定合格以后，才能最后确定焊接电流等工艺参数。

（3）电弧电压　当焊接电流调好以后，焊机的外特性曲线就决定了电弧电压。实际上电弧电压主要是由电弧长度来决定的。电弧长，电弧电压高，反之则低。焊接过程中，电弧不宜过长，否则会出现电弧燃烧不稳定、飞溅大、熔深浅及产生咬边、气孔等缺陷；若电弧太短，容易粘焊条。

因此，一般情况下，电弧长度等于焊条直径的 0.5~1 倍为好，相应的电弧电压为 16~25V。碱性焊条的电弧长度不超过焊条的直径，为焊条直径的一半较好，尽可能地选择短弧焊；酸性焊条的电弧长度应等于焊条直径。

（4）电源种类和极性

1）电源种类。用交流电源焊接时，电弧稳定性差。采用直流电源焊接时，电弧稳定，飞溅少，但电弧磁偏吹较交流严重。低氢型焊条稳弧性差，通常必须采用直流电源。用小电流焊接时，也通常用直流电源，因为引弧比较容易，电弧比较稳定。

2）极性。极性是指在直流电弧焊或电弧切割时焊件的极性。焊件与电源输出端正、负极的接法有正接和反接两种。

① 所谓正接，就是焊件接电源正极、电极接电源负极的接线法，正接也称正极性，如图 2-5a 所示。

② 反接就是焊件接电源负极、电极接电源正极的接线法，反接也称反极性，如图 2-5b 所示。

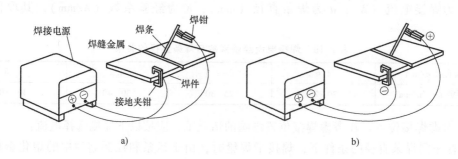

图 2-5　电源极性

a）直流电弧焊的正接　b）直流电弧焊的反接

对于交流电源来说，由于极性是交变的，所以不存在正接和反接。

极性主要应根据焊条的性质和焊件所需的热量来选择。焊条电弧焊时，当阳极和阴极的材料相同时，由于阳极区温度高于阴极区的温度，因此使用酸性焊条焊接厚钢板时，可采用直流正接，以获得较大的熔深；而在焊接薄钢板时，则采用直流反接，可防止烧穿。

当焊接重要结构使用碱性低氢钠焊条时，无论焊接厚板还是薄板，均应采用直流反接，因为这样可以减少飞溅和气孔，并使电弧稳定燃烧。

(5) 焊接速度　焊条电弧焊的焊接速度是指在焊接过程中，焊条在单位时间内沿焊接方向移动的长度。焊接速度应当均匀适当，既要保证焊透，又要保证不烧穿。在焊接过程中，选择焊接速度要注意以下几个方面：

1) 焊接速度过快时，熔池温度不够，易造成未焊透、未熔合、焊缝不良等缺陷。

2) 焊接速度过慢时，高温停留时间变长，热影响区宽度增加，焊缝变宽，晶粒变粗，力学性能降低，同时使变形量增大。当焊接较薄焊件时，则易烧穿。

焊接速度直接影响焊接生产率，所以在保证焊缝质量的前提下，应采用较大的焊条直径和焊接电流。同时，根据具体情况，在保证焊接质量的前提下，应适当加快焊接速度以提高焊接生产率。

(6) 焊缝层数　焊接中厚板时，一般要开坡口，并采用多层焊或多层多道焊。对于低碳钢和强度等级低的普通钢的多层多道焊，每道焊缝厚度不宜过大，过大时对焊缝金属的塑性不利。因此，对要求较高的焊缝，每层厚度最好不大于 5mm。

此外，多层焊和多层多道焊接头的显微组织较细，热影响区较窄。前一条焊道对后一条焊道起预热作用，而后一条焊道对前一条焊道起热处理作用。因此，接头的延性和韧性都比较好。特别是对于易淬火钢，后焊道对前焊道的回火作用，可改善接头组织和性能。对于低合金高强钢等钢种，焊缝层数对接头性能有明显影响。

焊缝层数主要根据工件厚度、焊条直径、坡口形式和装配间隙等来确定，可以做如下近似估算，即

$$n = \frac{\delta}{(0.8 \sim 1.2)d}$$

式中，n 为焊缝层数；δ 为工件厚度（mm）；d 为焊条直径（mm）。

(7) 热输入　熔焊时，由焊接电源输入给单位长度焊缝上的热量称为热输入。其计算公式为

$$q = IU\eta/v$$

式中，q 为单位长度焊缝的热输入（J/cm）；I 为焊接电流（A）；U 为电弧电压（V）；v 为焊接速度（cm/s）；η 为热效率系数，焊条电弧焊的热效率系数取值范围为 0.7~0.8。

热输入对低碳钢焊接接头性能的影响不大，因此，对于低碳钢焊条电弧焊，一般不规定热输入。对于低合金钢和不锈钢等钢种，热输入太大时，接头性能可能降低；热输入太小时，有的钢种焊接时可能产生裂纹。因此，焊接工艺规定热输入。焊接电流和热输入规定之后，焊条电弧焊的电弧电压和焊接速度就间接地大致确定了。一般要通过试验来确定既可不产生焊接裂纹，又能保证接头性能合格的热输入范围。允许的热输入范围越大，越便于焊接操作。

(8) 预热温度　预热是焊接开始前对被焊工件的全部或局部进行适当加热的工艺措施。预热可以减小接头焊后冷却速度，避免产生淬硬组织，减小焊接应力及变形，它是防止产生

裂纹的有效措施。对于刚性不大的低碳钢和强度级别较低的低合金高强度钢的一般结构，一般不必预热。但对刚性大的或焊接性差的容易产生裂纹的结构，焊前需要预热。

预热温度根据母材的化学成分，焊件的性能、厚度，焊接接头的拘束程度和施焊环境温度以及有关产品的技术标准等条件综合考虑，重要的结构要经过裂纹试验确定不产生裂纹的最低预热温度。预热温度选得越高，防止裂纹产生的效果越好；但超过必需的预热温度，会使熔合区附近的金属晶粒粗化，降低焊接接头质量，劳动条件也将会更加恶化。整体预热通常用各种炉子加热。局部预热一般采用气体火焰加热或红外线加热。预热温度常用表面温度计测量。

(9) 后热与焊后热处理　焊后立即对焊件的全部（或局部）进行加热或保温，使其缓冷的工艺措施称为后热。后热的目的是避免形成硬脆组织，以及使扩散氢逸出焊缝表面，从而防止产生裂纹。

焊后为改善焊接接头的显微组织和性能或消除焊接残余应力而进行的热处理称为焊后热处理。焊后热处理的主要作用是消除焊件的焊接残余应力，降低焊接区的硬度，促使扩散氢逸出，稳定组织及改善力学性能、高温性能等。因此，选择热处理温度时要根据钢材的性能、显微组织、接头的工作温度、结构形式、热处理目的来综合考虑，并通过显微金相和硬度试验来确定。

对于易产生脆断和延迟裂纹的重要结构，尺寸稳定性要求高的结构，以及耐应力腐蚀要求高的结构，应考虑进行消除应力退火；对于锅炉、压力容器，则有专门的规程规定，厚度超过一定限度后要进行消除应力退火。

消除应力退火必要时要经过试验确定。铬钼珠光体耐热钢焊后常常需要高温回火，以改善接头组织，消除焊接残余应力。重要的焊接结构，如锅炉、压力容器等，所制定的焊接工艺需要进行焊接工艺评定，按所设计的焊接工艺而焊得的试板的焊接质量和接头性能达到技术要求后，才能正式确定。焊接施工时，必须严格按规定的焊接工艺进行，不得随意更改。焊前严格按照说明书的规定进行烘焙，清除焊件上的油污、水分，减少焊缝中氢的含量；选择合理的焊接参数，减少焊缝的淬硬倾向；焊后立即进行消氢处理，使氢从焊接接头中逸出；对于淬硬倾向高的钢材，应焊前预热、焊后及时进行热处理，改善接头的组织和性能。

2.4.2　焊条电弧焊常见焊接缺陷及防止措施

按照焊接缺陷在焊接接头中的位置，焊条电弧焊常见缺陷可以分为外观缺陷和内部缺陷。外观缺陷即焊缝缺陷位于焊缝的外表面，内部缺陷即焊缝缺陷位于焊缝的内部。焊条电弧焊与其他焊接方法的常见缺陷及防止原理大致是相同的。常见的焊接缺陷、产生原因及防止措施见表 2-20。

表 2-20　焊条电弧焊常见焊接缺陷、产生原因及防止措施

序号	缺陷名称	产 生 原 因	防 止 措 施
1	气孔	(1) 焊条不良或潮湿 (2) 焊件有水分、油污或锈 (3) 焊接速度太快 (4) 电流太强 (5) 电弧长度不适合 (6) 焊件厚度大，金属冷却过快	(1) 选用适当的焊条并注意烘干 (2) 焊接前清洁被焊部分 (3) 降低焊接速度，使内部气体容易逸出 (4) 使用厂商建议的适当电流 (5) 调整合适的电弧长度 (6) 做好适当的预热工作

（续）

序号	缺陷名称	产 生 原 因	防 止 措 施
2	咬边	(1)电流太强 (2)焊条不适合 (3)电弧过长 (4)操作方法不当 (5)母材不洁 (6)母材过热	(1)使用较低电流 (2)选用适当种类及大小的焊条 (3)保持适当的弧长 (4)采用正确的角度,较慢的速度,较短的电弧及较窄的运行法 (5)清除母材油渍或锈 (6)使用直径较小的焊条
3	夹渣	(1)前层焊渣未完全清除 (2)焊接电流太小 (3)焊接速度太慢 (4)焊条摆动过宽 (5)焊缝组合及设计不良	(1)彻底清除前层焊渣 (2)采用较大的电流 (3)提高焊接速度 (4)减小焊条摆动宽度 (5)改正适当的坡口角度及间隙
4	未焊透	(1)焊条选用不当 (2)电流太小 (3)焊接速度太快,温度上升不够,焊接速度太慢,电弧冲力被焊渣所阻挡,不能给予母材 (4)焊缝设计及组合不正确	(1)选用较具渗透力的焊条 (2)选用适当的电流 (3)改用适当的焊接速度 (4)增加开槽度数,增加间隙,并减小根深
5	裂纹	(1)焊件含有过高的碳、锰等合金元素 (2)焊条品质不良或潮湿 (3)焊缝拘束应力过大 (4)母材材质含硫过高,不适于焊接 (5)施工准备不足 (6)母材厚度较大,冷却过快 (7)电流太大 (8)首道焊道不足以抵抗收缩应力	(1)使用低氢型焊条 (2)使用适当的焊条,并注意干燥 (3)改良结构设计,注意焊接顺序,焊接后进行热处理 (4)避免使用不良的钢材 (5)焊接时需考虑预热或后热 (6)预热母材,焊后缓冷 (7)使用适当的电流 (8)首道焊接的焊缝金属需充分抵抗收缩应力
6	变形	(1)焊接层数太多 (2)焊接顺序不当 (3)施工准备不足 (4)母材冷却过快 (5)母材过热(薄板) (6)焊缝设计不当 (7)焊缝金属过多 (8)拘束方式不合适	(1)使用直径较大的焊条及较大的电流 (2)改正焊接顺序 (3)焊接前,使用夹具将焊件固定,以免发生翘曲 (4)避免冷却过快或预热母材 (5)选用穿透力低的焊材 (6)减小焊缝间隙,减少开槽度数 (7)注意焊接尺寸,不使焊道过大 (8)采取防止变形的固定措施
7	搭叠	(1)电流太小 (2)焊接速度太慢	(1)使用适当的电流 (2)使用合适的速度
8	焊道外观形状不良	(1)焊条不良 (2)操作方法不合适 (3)焊接电流过高,焊条直径过粗 (4)焊件过热 (5)焊道内熔填方法不良	(1)选用大小适当、干燥的焊条 (2)采用均匀适当的速度及焊接顺序 (3)选用适当的电流及适当直径的焊条 (4)降低电流 (5)保持焊条定长,焊工技术应熟练

（续）

序号	缺陷名称	产 生 原 因	防 止 措 施
9	凹痕	(1)使用焊条不当 (2)焊条潮湿 (3)母材冷却过快 (4)焊条不洁及焊件偏析 (5)焊件含碳、锰的成分过高	(1)使用适当的焊条,如无法消除凹痕,用低氢型焊条 (2)使用干燥过的焊条 (3)降低焊接速度,避免急冷,最好施以预热或后热 (4)使用良好的低氢型焊条 (5)使用盐基度较高的焊条
10	偏弧	(1)在直流电弧焊时,焊件所产生的磁场不均一,使电弧偏向 (2)接地线位置不佳 (3)焊枪拖曳角太大 (4)焊丝伸出长度太短 (5)电压太高,电弧太长 (6)电流太大 (7)焊接速度太快	(1)电弧偏向一方接一地线 · 正对偏向一方焊接 ·采用短电弧 ·使磁场均一 ·改用交流弧焊机 (2)调整接地线位置 (3)减小焊枪拖曳角 (4)增长焊丝伸出长度 (5)降低电压及电弧 (6)调整使用适当的电流 (7)焊接速度变慢
11	烧穿	(1)开槽焊接时,电流过大 (2)因开槽不良,焊缝间隙太大	(1)降低电流 (2)减小焊缝间隙
12	火花飞溅过多	(1)焊条不良 (2)电弧太长 (3)电流太高或太低 (4)电弧电压太高或太低 (5)焊机情况不良	(1)采用干燥合适的焊条 (2)使用较短的电弧 (3)使用适当的电流 (4)调整适当的电压 (5)依各种焊丝使用说明 (6)尽可能保持垂直,避免过度倾斜 (7)注意仓库保管条件

第3章　埋　弧　焊

埋弧焊（SAW）是目前广泛使用的一种生产率较高的电弧焊方法，它利用电弧作为热源，在整个焊接过程中，电弧始终掩埋在焊剂层下燃烧，故称为埋弧焊。本章首先介绍了埋弧焊的过程、原理、特点及应用范围；然后介绍了埋弧焊的焊接材料和焊接工艺；最后简要介绍了高效埋弧焊技术。

3.1　埋弧焊概述

3.1.1　埋弧焊的焊接过程及原理

埋弧焊通常均指自动埋弧焊，引燃电弧、送进焊丝和使电弧沿焊接方向移动等焊接过程都是由机械装置自动完成的。埋弧焊的焊接过程如图 3-1 所示。焊接时电源的两极分别接在导电嘴和焊件上，焊丝通过导电嘴与焊件接触，焊剂从输送漏斗流出后均匀地覆盖在焊件接头处，然后起动电源，电流经过导电嘴、焊丝与焊件构成焊接回路。送丝机构、输送焊剂漏斗以及控制台一般都安装在一台小车上来移动焊接电弧。焊接过程是通过控制面板上的开关来自动控制的。

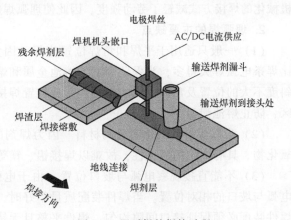

图 3-1　埋弧焊的焊接过程

埋弧焊的电弧是掩埋在颗粒状焊剂层下的，焊缝的形成过程如图 3-2 所示。电弧在焊丝和焊件之间引燃后，产生的热量使周围的焊剂熔化形成熔渣，部分焊剂和金属分解、蒸发成气体，形成一个气泡，电弧就在这个气泡中燃烧。连续送入的焊丝在电弧高温作用下加热熔化，与熔化的母材混合形成金属熔池。金属熔池上覆盖着一层液态熔渣，熔渣外层是未熔化的焊剂，使熔池与周围空气隔离，不但保护了金属熔池，而且阻止了有碍操作的电弧光辐射散射出来。电弧向前移动时，熔池中的液态金属排向后方，熔池前方电弧附近的金属就在强烈辐射下熔化，形成新的熔池。而电弧后方的熔池金属则冷却凝固成焊缝，熔渣也就凝固成焊渣覆盖在焊缝表面。由于熔渣的凝

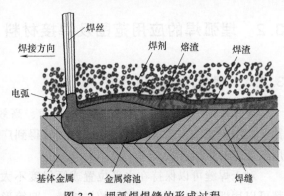

图 3-2　埋弧焊焊缝的形成过程

固总是比液态金属的凝固迟一些，这就使混入熔池的熔渣、熔解在液态金属中的气体和冶金反应中产生的气体能够不断地逸出，使焊缝不易产生夹渣和气孔等缺陷。

3.1.2　埋弧焊的特点

1. 埋弧焊的主要优点

（1）焊接质量好　埋弧焊的电弧被掩埋在颗粒状焊剂及其熔渣之下，电弧及熔池均处在渣相保护中，保护效果比气渣保护的焊条电弧焊好。大大降低了焊接过程对焊工操作技能的依赖程度，焊缝化学成分和力学性能的稳定性较好。

（2）生产率高　埋弧焊所采用的焊接电流大，电弧功率高，加上焊剂和焊渣的保护，电弧的熔透能力和焊丝的熔敷速度都得到很大的提高。以厚度为 10mm 左右的钢板为例，单丝埋弧焊的焊接速度可以达到 30~50m/h，采用双丝埋弧焊或者多丝埋弧焊，焊接速度还可以翻倍，而焊条焊接的速度不超过 8m/h。焊剂和熔渣的隔热保护作用使电弧热辐射散失极小，也有效制约了飞溅损失，电弧热效率大大提高，因此，埋弧焊的焊接效率明显高于焊条电弧焊。

（3）劳动条件好　因为埋弧焊电弧不外露，无弧光辐射，焊工的主要任务只是操纵焊剂，机械化的焊接方式减轻了劳动强度，因此使埋弧焊成为电弧焊中操作条件较好的一种方法。

2. 埋弧焊的主要缺点

（1）一般只适用于平焊和角焊位置施焊　因为采用了颗粒状焊剂，而且埋弧焊熔池也比焊条电弧焊大得多，为保证焊剂、熔池金属和熔渣不流失，埋弧焊通常只适用于平焊或倾斜度不大的位置及角焊位置的焊接。其他位置焊接需采用特殊措施，以保证焊剂能覆盖焊接区，防止熔池泄漏。

（2）难以焊接易氧化的金属材料　因为焊剂的主要成分为 MnO、SiO_2 等金属和非金属氧化物，具有一定的氧化性，故难以焊接铝、镁等对氧元素敏感的金属及其合金。

（3）不能直接观察电弧与坡口位置　由于电弧在焊剂层下，故操作人员不能直接观察电弧与坡口的相对位置。当焊件装配质量不好时，易焊偏而影响焊接质量。因此，埋弧焊时焊件装配必须保证接口间隙均匀、焊件平整且无错边现象。

（4）不适合焊接薄板和短焊缝　因为埋弧焊电弧的电场强度较高，而电流低于 100A 时电弧稳定性不好，故不适合焊接太薄的焊件。另外，埋弧焊由于受焊车的限制，机动性差，一般只适合焊接长直焊缝或大圆焊缝，对于焊接弯曲、不规则的焊缝或短焊缝则比较困难。

3.2　埋弧焊的应用范围及焊接材料

3.2.1　埋弧焊的应用范围

埋弧焊的应用范围很广。埋弧焊快速、高效的特点使其在桥梁、船舶、锅炉、压力容器、大型金属结构和工程机械等生产领域得到广泛的应用。埋弧焊已成为当今焊接生产中使用最普遍的焊接方法之一。

对于焊缝可以保持在水平位置或倾斜度不大的焊件，不管是角接、对接还是搭接接头，都可以用埋弧焊焊接，如平板的拼接缝、圆筒形焊件的环缝和纵缝、各种焊接结构中的角接缝和搭接缝等。埋弧焊可焊接的焊件厚度范围很大，一般厚度为 5～650mm 的焊件都可以使用埋弧焊焊接。

3.2.2 埋弧焊的焊接材料

1. 母材

适合埋弧焊的材料已从碳素钢发展到低合金钢、不锈钢、耐热钢甚至某些非铁金属，如镍基合金、铜合金等。此外，埋弧焊还可以在基体金属表面堆焊耐磨或耐腐蚀的合金层。铸铁一般不能用埋弧焊焊接，因为铸铁焊后很容易形成裂纹。铝、钛及其合金因没有适当的焊剂，目前还不能使用埋弧焊焊接。铅、锌等低熔点金属材料也不适合用埋弧焊焊接。

2. 埋弧焊焊丝

焊丝是埋弧焊焊缝的填充金属材料，所以直接影响着焊缝质量。常用的焊丝分为钢焊丝和不锈钢焊丝两大类。常使用的焊丝有实心焊丝和药芯焊丝，其中实心焊丝的使用要普遍些，药芯焊丝只用于某些有特殊要求的场合，如耐磨堆焊。焊丝根据其成分和用途分为碳素结构钢焊丝、合金结构钢焊丝和不锈钢焊丝三大类，具体见相关国家标准规定。埋弧焊焊接低碳钢时，常用的焊丝牌号有 H08、H08A 和 H15Mn 等，其中以 H08A 的应用最为普遍。当焊件厚度较大或对力学性能的要求较高时，则可选用含 Mn 量较高的焊丝。当焊接合金结构钢或不锈钢等合金元素含量较高的材料时，则应考虑化学成分和母材相似，或者可满足其他方面的要求和性能的焊丝。

为适应焊接不同厚度材料的要求，同一牌号的焊丝有 2mm、3mm、4mm、5mm 和 6mm 五种直径。焊接前，要求将焊丝表面的油垢、锈迹等清理干净，以免影响焊接质量。为了防止焊丝生锈并使导电嘴与焊丝间的导电更好，有些焊丝表面镀有一层薄铜。镀铜还可提高电弧的稳定性。

焊丝一般成卷供应，使用前要盘卷到焊丝盘上。要注意防止焊丝产生局部小弯曲或在焊丝盘中相互缠绕套叠，否则，焊接时会影响焊丝的正常送进，破坏焊接过程的稳定性，严重时会迫使焊接过程中断。

3. 焊剂

埋弧焊焊剂的主要作用是造渣，隔绝熔池金属和空气的接触，控制焊缝金属的化学成分，提高焊缝金属的综合力学性能，防止气孔、夹渣和裂纹等缺陷。另外，考虑到实施焊接工艺的需要，还要求焊剂具有良好的稳弧性能，熔渣具有合适的密度、黏度、熔点和透气性，以保证焊缝成形良好，同时熔渣凝固形成的焊渣具有良好的脱渣性能。

埋弧焊的焊剂制造方法主要有熔炼和烧结两大类。熔炼焊剂是按配方比例将原料混合均匀后入炉熔炼，然后经过水冷粒化、烘干、筛选而成为成品的焊剂；烧结焊剂属于非熔炼焊剂，是将原料粉按配方比例混拌均匀后，加入黏结剂制湿料，经过 400～1000℃烘干，再粉碎、筛选而成。熔炼焊剂成分均匀，颗粒强度高，吸水性小，易储存，是国内焊剂生产中应用最多的一类。熔炼焊剂的缺点是焊剂中无法加入脱氧剂和铁合金，因为熔炼过程中烧损十分严重。非熔炼焊剂由于制造过程中未经高温熔炼，焊剂中加入的脱氧剂和铁合金等损失很小，可以补充焊丝中烧损的合金元素。国外非熔炼焊剂，特别是烧结焊剂的应用较多，常用来焊接高合金钢和进行堆焊。

3.2.3　焊丝焊剂的选用与配合

焊丝与焊剂的正确选用及二者之间的合理配合,对获得优质焊缝起了关键作用,所以必须按工件的性能、成分和要求,正确、合理地选配焊丝和焊剂。在焊接低碳钢和强度等级较低的合金时,选配焊丝、焊剂通常首要考虑的是达到力学性能要求,使焊缝强度等于母材金属强度,同时还要满足其他力学性能指标要求;焊接奥氏体不锈钢等高合金钢时,主要是保证焊缝与母材有相似或相近的化学成分;焊接低温钢、耐热钢和耐蚀钢时,选择的焊丝、焊剂首先要保证焊缝与母材的低温性或耐热性、耐蚀性相同或相近,因此可选用中硅或低硅型焊剂与相应的合金钢焊丝配合。由于焊丝中主要合金元素会在焊接过程中烧损,所以应选用合金含量高于母材的焊丝和碱度高的中硅或低硅焊剂,以防止焊缝增硅而使性能下降。

3.3　埋弧焊工艺

3.3.1　焊前准备

埋弧焊的焊前准备包括焊件的坡口加工、焊件的清理与装配、焊丝表面清理及焊剂烘干、焊机的检查与调试等工作。

1. 焊件的坡口加工

由于埋弧焊焊件可使用较大的电流焊接,电弧具有较强穿透力,所以当焊件厚度不太大时,一般不开坡口也能将焊件焊透。但焊接电流不能无限地提高,当焊件厚度较大时,为了保证焊透焊件,焊缝成形良好,就要采用气割或机械加工方法在焊件开坡口。埋弧焊焊缝坡口的基本形式已经标准化,各种坡口适用的厚度、基本尺寸和标注方法可以参照 GB/T 985.2—2008《埋弧焊的推荐坡口》的规定。

2. 焊件的清理与装配

焊件装配前,需将坡口及附近区域表面上的水分、油污、锈蚀、氧化物等清理干净。数量不大时可以用钢丝刷、风动砂轮、电动砂轮或钢丝轮等进行手工清理,必要时还可以用氧乙烷火焰烘烤接缝部位,以烧掉焊件表面的污垢和油漆,并烘干水分。机械加工出的坡口容易残留切削液或者其他油脂,可用挥发溶剂清洗干净。批量较大时,可用喷丸处理方法。

焊件装配时必须保证焊件可靠固定,接缝处间隙均匀,高低平整不错边,特别是在单面焊双面成形的埋弧焊中要求更高。

3. 焊丝表面清理与焊剂烘干

为了避免焊缝被污染产生气孔,埋弧焊用的焊丝表面的油、锈及拔丝时用的润滑剂都要清理干净。

焊剂在运输及储存过程中容易吸潮,所以使用前应烘干去除水分。一般焊剂需在 250℃ 下烘干,并保温 1~2h。限用直流的焊剂烘干温度更高,保温时间更长,烘干后应立即使用。回收的焊剂要过筛清除焊渣等杂质后才能使用。

4. 焊机的检查与调试

焊前应检查焊机上的动力线、焊接电缆接头是否松动,接地线是否连接妥当。导电嘴是易损件,一定要检查其磨损情况以及夹持是否可靠。起动焊机前,应再次检查焊机和辅助装置的各种开关、旋钮等的位置是否正确无误，离合器是否可靠接合。检查无误后，再按焊机的操作顺序进行焊接操作。

3.3.2 埋弧焊的主要焊接参数

要提高埋弧焊的生产率和焊缝质量，熟悉并控制好埋弧焊的工艺参数是很重要的。埋弧焊最主要的焊接参数是焊接电流、电弧电压和焊接速度，其次是焊丝直径、焊丝伸出长度、焊剂和焊丝类型、焊剂粒度和焊剂层厚度等。

1. 焊接电流

埋弧焊最重要的工艺参数就是焊接电流，它直接决定了焊缝熔深、母材熔化量和焊丝熔化速度。

增大焊接电流可使电弧的热功率和电弧力都增加，因而焊缝熔深增大，焊丝熔化量增加，有利于提高焊接生产率。焊接电流对焊缝形状的影响如图 3-3 所示。在焊接速度一定时，如果焊接电流过大，就会导致熔化深度和熔透深度过大而熔穿焊接金属。过大的焊接电流也加大了焊丝的消耗，导致焊缝余高过大。这样的焊缝不容易使熔池中的气体逸出及杂物上浮，容易产生气孔、夹渣及裂纹等缺陷。电流太大还会使焊缝热影响区增大并可能引起较大的焊接变形。焊接电流太小，则可能会造成未焊透，电弧也不稳定。

2. 电弧电压

在其他因素不变的情况下，提高电弧电压会使电弧长度变长，降低电弧电压会使电弧长度变短。电弧电压主要决定着焊缝熔宽，因而对焊缝横截面形状和表面成形有很大的影响。

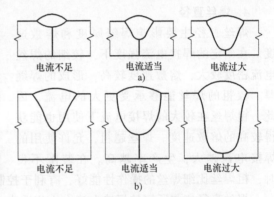

电流不足　　电流适当　　电流过大
a)

电流不足　　电流适当　　电流过大
b)

图 3-3　焊接电流对焊缝形状的影响
a) I 形接头　b) Y 形接头

提高电弧电压时，电弧斑点的移动范围增大，焊缝宽度显著增大，焊缝余高和焊缝厚度略有减小，焊缝变得平坦，如图 3-4 所示。电弧斑点的移动范围增大后，焊剂熔化量增多，因而向焊缝过渡的合金元素增多，减小了气孔倾向。如果电弧电压继续增加，则电弧会穿透焊剂的覆盖，熔化的液态金属便会暴露在空气中，容易造成气孔。降低电弧电压可以改善焊缝厚度，但电弧电压过低时，会形成高而窄的焊缝，影响焊缝形成并使焊渣脱落困难。极端情况下，熔滴会使焊丝与熔池金属短路而造成飞溅。

因此，埋弧焊时适当增加电弧电压，对改善焊缝形状、提高焊缝质量是有利的，但应与焊接电流相匹配。

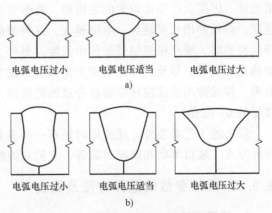

电弧电压过小　　电弧电压适当　　电弧电压过大
a)

电弧电压过小　　电弧电压适当　　电弧电压过大
b)

图 3-4　电弧电压对焊缝形状的影响
a) I 形接头　b) Y 形接头

3. 焊接速度

焊接速度对焊缝宽度和焊缝厚度都有明显影响，它是决定焊接生产率和焊缝内在质量的重要参数。无论焊接电流与电弧电压如何匹配，焊接速度对焊缝成形的影响都有着一定的规律。增加焊接速度，电弧对焊丝和母材的加热时间变短，会使得热输入不充分，焊缝宽度和焊缝厚度都大大减小；减小焊接速度，容易使气体从正在凝固的熔化金属中逸出，能降低形成气孔的可能性。但焊速过低，则将导致熔化金属流动不畅，易造成焊缝波纹粗糙和夹渣，甚至烧穿焊件。焊接速度对焊缝形状的影响如图 3-5 所示。

焊接速度直接决定了焊接生产率的高低，为了提高生产率，就要加快焊接速度；但过快的焊接速度会使焊件加热不足，熔合比减小，造成咬边、未焊透及气孔等焊接缺陷。

4. 焊丝直径

焊丝直径主要影响焊缝厚度和熔敷速度。在给定的焊接电流强度下，较细的焊丝电流密度较大，熔敷速度较高，形成的焊缝厚。较粗的焊丝能够承受更大的电流，因此，粗焊丝在较大的焊接电流下使用也能获得较高的熔敷速度。焊丝越粗，允许使用的焊接电流越大，生产率越高。在装配不良时，粗焊丝比细焊丝的操作性能好，有利于控制焊缝成形。

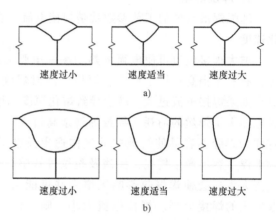

图 3-5 焊接速度对焊缝形状的影响
a) I 形接头 b) Y 形接头

焊丝直径应与所用的焊接电流大小相适应，如果粗焊丝用小电流焊接，会造成焊接电弧不稳定；相反，细焊丝用大电流焊接，容易形成"蘑菇形"焊缝，而且熔池也不稳定，焊缝成形差。

5. 焊丝伸出长度

焊丝伸出长度就是焊丝从导电嘴末端伸出到电弧之间的长度。伸出的这一段焊丝是通有电流的，因而会产生比较大的电阻热，能够预热焊丝。电阻热和电弧热共同决定了焊丝熔化速度。焊丝伸出长度越长，电阻越大，这种预热作用的影响越大。所以，采用电阻率较大的焊丝材料时，要严格控制焊丝伸出长度。另外，焊丝伸出长度增长后，焊丝不稳，会使电弧加热宽度变大，导致焊缝宽度变大而焊缝厚度变小。如果焊丝伸出长度过短，则容易烧坏导电嘴。焊丝伸出长度应该控制在合适的范围内，随着焊丝直径的增大而增大，一般应为焊丝直径的 6~10 倍。

除上述工艺参数外，埋弧焊时还有一些参数，如焊丝倾斜角、焊件倾斜角、焊件材质、焊件厚度、坡口形状和装配间隙等，它们对焊缝的形成和质量也有着重要影响。

3.3.3 焊接参数的选择方法及配合

1. 选择方法

焊接参数的选择可以通过计算法、查表法和试验法进行。计算法是通过对焊接热循环的分析计算以确定主要焊接参数的方法。查表法是查阅与所焊产品类似焊接条件下所用的各种焊接参数表格,从中找出所需参数的方法。试验法是将计算或查表所得的焊接参数,或人们根据经验初步估计的焊接参数,结合产品的实际状况进行试验,以确定恰当的焊接参数的方法。但不论用哪种方法确定的焊接参数,都必须在实际生产中加以修正,最后确定出符合实际情况的焊接参数。

2. 焊接参数之间的配合

按上述方法选择焊接参数时,必须考虑焊接参数之间的配合。通常要注意以下三方面:

(1) 焊缝的成形系数 成形系数大的焊缝,其熔宽较熔深大;成形系数小的焊缝,熔宽相对于熔深较小。焊缝成形系数过小,则焊缝深而窄,熔池凝固时柱状结晶从两侧向中心生长,低熔点杂质不易从熔池中浮出,积聚在结晶交界面上形成薄弱的结合面,在收缩应力和外界拘束作用下很可能在焊缝中心产生结晶裂纹。因此,选择埋弧焊工艺参数时,要注意控制成形系数,一般以 1.3~2 为宜。

影响焊缝成形系数的主要焊接参数是焊接电流和电弧电压。埋弧焊时,与焊接电流相对应的电弧电压见表 3-1。

表 3-1 埋弧焊焊接电流与电压配合的关系

焊接电流/A	520~600	600~700	700~800	800~1000	1000~1200
电弧电压/V	34~36	36~38	38~40	40~42	42~44

(2) 熔合比 熔合比是指被熔化的母材金属在焊缝中所占的百分比。熔合比越大,焊缝的化学成分越接近母材本身的化学成分。所以在埋弧焊工艺中,特别是在焊接合金钢和非铁金属时,调整焊缝的熔合比常常是控制焊缝化学成分、防止焊接缺陷和提高焊缝力学性能的主要手段。

埋弧焊的熔合比通常为 30%~60%,单道焊或多层焊中的第一层焊缝熔合比较大,随焊接层数的增加,熔合比逐渐减小。由于一般母材中碳的含量和硫、磷杂质的含量比焊丝高,所以熔合比大的焊缝,由母材带入焊缝的碳量及杂质较多,对焊缝的塑性、韧性有一定的影响。因此,对要求较高的多层焊焊缝应设法减少堆焊层数和保证堆焊层成分,减小熔合比。

减小熔合比的措施主要有减小焊接电流,增大焊丝伸出长度,开坡口,采用下坡焊或焊丝前倾布置,用正接法,用带极堆焊代替丝极堆焊等。

(3) 热输入 焊接接头的性能除与母材和焊缝的化学成分有关外,还与焊接时的热输入有关。热输入增大时,热影响区增大,过热区明显增宽,晶粒变粗,焊接接头的塑性和韧性下降。对于低合金钢,这种影响尤其显著。埋弧焊时如果用大热输入焊接不锈钢,会使近缝区在“敏化区”范围停留时间增长,降低焊接接头的抗晶间腐蚀能力。焊接低温钢时,大热输入会造成焊接接头冲击韧度明显降低。

所以,埋弧焊时必须根据母材的性能特点和对焊接接头的要求选择合适的热输入。热输入与焊接电流和电弧电压成正比,与焊接速度成反比,即焊接电流、电弧电压越高,热输入越大;焊接速度越大,热输入越小。由于埋弧焊焊接电流和焊接速度能在较大的范围内调节,故热输入的变化范围比焊条电弧焊大得多,能满足不同焊接对焊接热输入的要求。

3.4　高效埋弧焊技术

埋弧焊是一种传统的焊接方法，随着工业生产发展的需要和长期应用中的不断改进，在现有传统埋弧焊的基础上又研究、发展了一些新型的、高效的埋弧焊技术。

3.4.1　多丝埋弧焊

多丝埋弧焊（见图3-6）是同时使用两根或两根以上焊丝完成同一条焊缝的埋弧焊方法。多丝埋弧焊具有多根焊丝和多个电弧，既能保证合理的焊缝成形和良好的焊接质量，又可以提高熔敷率和焊接速度。多丝埋弧焊主要用于厚板材料的焊接，通常采用工件背面使用衬垫的单面焊双面成形的焊接工艺，焊丝最多可以用到14根。多丝埋弧焊按焊丝的排列方式可分为纵列式、横列式和直列式三种。从焊缝的成形看，纵列式的焊缝窄而深，横列式的焊缝宽而浅，直列式的焊缝熔合比小。

双丝埋弧焊是目前生产中应用最多的，它既可以合用一个焊接电源，也可以用两个独立的焊接电源。前者设备简单，但是单独调节每一个电弧的功率较困难；后者设备较复杂，但两个电弧都可以单独地调节功率，而且可以采用不同的电流种类和极性，以获得更理想的焊缝成形。

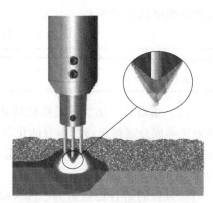

图3-6　多丝埋弧焊

双丝埋弧焊应用较多的是纵列式。用这种方法焊接时，前列电弧可用足够大的电流以保证熔深；后列电弧则采用较小的电流和稍高的电压，主要用来改善焊缝成形。这种方法不仅可大大提高焊接速度，而且还因熔池体积大、存在时间长、冶金反应充分而使产生气孔的倾向大大减小。

3.4.2　带极埋弧焊

带极埋弧焊是由多丝（横列式）埋弧焊发展而来的，它是用矩形截面钢带取代圆形截面的焊丝作为电极，不仅可提高填充金属的熔化量，提高焊接生产率，而且可增大成形系数，即在熔深较小的条件下大大增加焊道宽度。该方法适用于多层焊时表层焊缝的焊接，尤其适用于埋弧堆焊，因而具有很大的实用价值。

带极埋弧焊的焊接过程示意图和带极形状如图3-7所示。焊接时，母材与带极间形成电弧，电弧热分布在整个电极宽带上。带极熔化形成熔滴过渡到熔池中，冷凝后形成焊道。因此，要配备专门的带极送进装置，使得焊接过程中带极能顺畅、均匀地连续送进，以保证焊接过程的稳定进行。

带极埋弧焊用于堆焊时，常用来修复一些设备表面的磨损部分，也可以在一些低合金钢制造的化工容器、核反应堆等容器的表面上堆焊耐磨、耐蚀的不锈钢层，以代替整体不锈钢的结构，这样既可以保证工件耐磨、耐腐蚀的要求，又可以节省不锈钢材料，降低成本。

3.4.3 窄间隙埋弧焊

窄间隙埋弧焊是用简单的窄间隙或者简单的小角度坡口代替V形、U形、Y形、双V形或双U形等坡口,采用多层埋弧焊进行焊接的高效率焊接方法。它不仅大大减少了坡口的加工量,而且由于坡口截面面积小,焊接时可减少焊缝的热输入和熔敷金属量,节省焊接材料和电能,并且易实现自动控制。窄间隙埋弧焊适用于厚壁压力容器、核反应堆外壳、涡轮机转子等厚板结构,是一种近年来新发展起来的高效率的焊接方法,如图3-8所示。

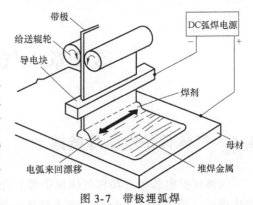

图 3-7 带极埋弧焊

窄间隙埋弧焊一般为单丝焊,间隙大小取决于所焊焊件的厚度。当焊件厚度为50~200mm时,间隙宽度为14~20mm;当焊件厚度为200~350mm时,间隙宽度为20~30mm。由于窄间隙埋弧焊的装配间隙窄,在底层焊接时焊渣不易脱落,故需采用具有良好脱渣性的专用焊剂。另外,使用窄间隙埋弧焊时,为使焊嘴能伸进窄而深的间隙中,需将焊嘴的主要组成部分(导电嘴、喷嘴等)制成窄的扁形结构,如图3-9所示。为了保证焊嘴与焊缝间隙的绝缘,及焊接参数在较高的温度和长时间的焊接过程中保持恒定,铜导电嘴的整个外表必须涂上耐热的绝缘陶瓷层,导电嘴内部还要有水冷却系统。窄间隙埋弧焊所用的焊接电源,根据所焊的材料不同,可选择不同的交流电源。

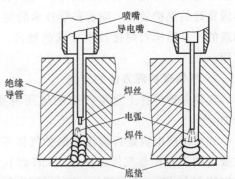

图 3-8 窄间隙埋弧焊

为进一步提高焊接质量,窄间隙埋弧焊中应用了焊接过程自动检测、焊嘴在焊接间隙内自动跟踪导向及焊丝伸出长度自动调整等技术,以保证焊丝和电弧在窄间隙中的正确位置及焊接过程的稳定。

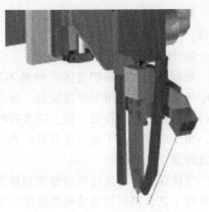

图 3-9 窄间隙埋弧焊的焊嘴

第4章 气体保护电弧焊

4.1 气体保护电弧焊概述

气体保护电弧焊（简称气体保护焊）是通过电极（焊丝或钨极）与母材间产生的电弧熔化焊丝（或填丝）及母材，形成熔池和焊缝金属的一种先进的焊接方法。电极、电弧和焊接熔池是靠焊枪喷嘴喷出的保护气体来保护的，以防止周围大气的侵入，对焊接接头区域形成良好的保护效果。随着科学技术的突飞猛进和现代工业的迅速发展，各种新的金属材料和新的产品结构对焊接技术要求的提高，促进了新的、更加优越的气体保护焊方法的推广应用。

1. 气体保护焊方法的分类

气体保护焊在工业生产中的应用种类很多，可以根据保护气体、电极、焊丝等进行分类。

如果按照电极是否熔化和保护气体不同，分为熔化极气体保护焊（GMAW 焊）和非熔化极（钨极）惰性气体保护焊（TIG 焊）。熔化极气体保护焊又包括：CO_2 气体保护焊、惰性气体保护焊（MIG 焊）、氧化性混合气体保护焊（MAG 焊）、管状焊丝气体保护焊（FCAW 焊）。

如果按采用的焊丝类型进行分类，可分为实心焊丝气体保护焊和药芯焊丝气体保护焊等。

2. 气体保护焊的应用范围

根据所采用的保护气体的种类不同，气体保护焊适用于焊接不同的金属结构。例如：CO_2 气体保护焊适用于焊接碳钢、低合金钢，而惰性气体保护焊除了可以焊接碳钢、低合金钢外，也适用于焊接铝、铜、镁等有色金属及其合金。某些熔点较低的金属，如锌、铅、锡等，由于焊接时易于蒸发出有毒的物质，或污染焊缝，因此很难采用气体保护焊进行焊接或不宜焊接。

气体保护焊方法特别适合于焊接薄板。不论是熔化极气体保护焊工艺还是非熔化极气体保护焊工艺，都可以成功地焊接厚度不足 1mm 的薄板。采用气体保护焊工艺焊接中、厚板有一定的限制。一般来说，当厚度超过一定界线后，其他电弧焊方法（如埋弧焊或电渣焊）的生产效率比气体保护焊高。

根据实际生产中应用材质的具体情况，气体保护焊也可焊接厚板材料。例如在铝合金焊接中，厚度 75mm 的工件可采用大电流熔化极惰性气体保护焊（MIG 焊）、双面单道焊的方法。从生产效率上看，熔化极气体保护焊高于非熔化极气体保护焊，从焊缝美观上看，非熔化极气体保护焊（填丝或不填丝）没有飞溅，焊缝成形美观。

就焊接位置而言，气体保护焊方法适合焊接各种位置的焊缝。特别是 CO_2 气体保护焊（以下简称 CO_2 焊），由于电弧有一定吹力，更适合全位置焊接。由于各种气体保护焊采用的保护气体不同，每种方法具体的适应性也不同。比如，氩气比空气的密度大，因而氩弧焊更适合于水平位置的焊接；氦气比空气密度小，氦弧焊适合空间位置焊接，特别是仰焊位置的焊接，但实际应用较少，大量应用的仍然是采用氩气作为保护气体进行焊接。

几种常用气体保护焊方法的应用范围如下。

(1) CO_2 气体保护焊　CO_2 焊一般用于汽车、船舶、管道、机车车辆、集装箱、矿山及工程机械、电站设备、建筑等金属结构的焊接生产。CO_2 焊可以焊接碳钢和低合金钢，并可以焊接从薄板到厚板的工件。采用细丝、短路过渡的方法可以焊接薄板；采用粗丝、射流过渡的方法可以焊接中、厚板。CO_2 焊可以进行全位置焊接，也可以进行平焊、横焊及其他空间位置的焊接。

药芯焊丝 CO_2 焊是近年来发展起来的采用渣-气联合保护的适用性广泛的焊接工艺，主要适合于焊接低碳钢，500MPa 级及 600MPa 级的低合金高强钢，耐热钢以及表面堆焊等。通常药芯焊丝气体保护焊适合于中、厚板进行水平位置的焊接，一般用于对外观要求较严格的箱形结构件、工程机械。目前是用于焊接碳钢和低合金钢的重要焊接方法之一，具有很大的发展前景。

(2) 熔化极气体保护焊　熔化极惰性气体保护焊（MIG 焊）可以采用半自动或全自动焊接，应用范围较广。MIG 焊可以对各种材料进行焊接，但近年来由于碳钢和低合金钢等更多地采用富氩混合气体保护焊进行焊接，而很少采用纯惰性气体保护焊，因此 MIG 焊一般常用于焊接铝、镁、铜、钛及其合金和不锈钢。MIG 焊可以焊接各种厚度的工件，但实际生产中一般焊接较薄的板，如厚度 2mm 以下的薄板采用 MIG 焊的焊接效果较好。MIG 焊可以实现智能化控制的全位置焊接。

熔化极活性气体保护焊（MAG 焊）因为电弧气氛具有一定的氧化性，所以不能用于活泼金属（如 Al、Mg、Cu 及其合金）的焊接。MAG 焊多应用于碳钢和某些低合金钢的焊接，可以提高电弧稳定性和焊接效率。MAG 焊在汽车制造、化工机械、工程机械、矿山机械、电站锅炉等行业得到了广泛的应用。

(3) 非熔化极惰性气体保护焊　非熔化极惰性气体保护焊又称为钨极氩弧焊（TIG焊）。除了熔点较低的铅、锌等金属难以焊接外，对大多数金属及其合金用 TIG 焊进行焊接，都可以得到满意的焊接接头质量。TIG 焊可以焊接质量要求较高的薄壁件，如薄壁管子、管-板、阀门与法兰盘等。TIG 焊适合于焊接各种类型的坡口和接头，特别是管接头，并可进行堆焊，最适合于焊接厚度 1.6~10mm 的板材和直径 25~100mm 的管子。对于更大厚度的板材，采用熔化极气体保护焊更加经济实用。

TIG 焊可以焊接形状复杂而焊缝较短的工件，通常采用半自动 TIG 焊工艺；形状规则的焊缝可以采用自动 TIG 焊工艺。

3. 气体保护焊的特点

气体保护焊与其他焊接方法相比，具有以下特点：

1) 电弧和熔池的可见性好，焊接过程中可根据熔池情况调节焊接参数。

2) 焊接过程操作方便，没有熔渣或很少有熔渣，焊后基本上不需清渣。

3) 电弧在保护气流的压缩下热量集中，焊接速度较快，熔池较小，热影响区窄，焊件焊后变形小。

4) 有利于焊接过程的机械化和自动化，特别是空间位置的机械化焊接。

5）可以焊接化学活泼性强和易形成高熔点氧化膜的镁、铝及其合金。

6）在室外作业时，需设挡风装置，否则气体保护效果不好，甚至很差。

7）焊接设备比较复杂，比焊条电弧焊设备价格高。

8）气体保护焊电流密度大、弧光强、温度高，且在高温电弧和强烈的紫外线作用下产生高浓度的有害气体，是焊条电弧焊的4~7倍，所以要特别注意通风。

9）引弧所用的高频振荡器会产生一定强度的电磁辐射，接触较多的焊工，会引起头昏、疲乏无力、心悸等症状。

10）氩弧焊使用的钨极材料中的一些稀有金属带有放射性，尤其在修磨电极时形成放射性粉尘，接触较多，容易生成焊工疾病。

4.2　CO_2 气体保护电弧焊

4.2.1　CO_2 气体保护电弧焊的原理及特点

1. CO_2 焊的定义及分类

CO_2 焊是利用 CO_2 作为保护气体的熔化极电弧焊方法。这种方法以 CO_2 气体作为保护介质（有时采用 CO_2+Ar 的混合气体），使电弧及熔池与周围空气隔离，防止空气中的氧、氮、氢对熔滴和熔池金属产生有害的作用，从而获得优良的机械保护性能。

CO_2 焊过程如图4-1所示，焊接电源的两端分别接在焊枪和焊件上，焊丝由送丝机构带动，经过导电嘴不断向电弧区域送给。同时，CO_2 气体以一定压力和流量送入焊枪，通过焊枪喷嘴后，形成一股保护气流，使熔池和电弧与空气隔绝。随着焊枪的移动，熔池金属冷却凝固形成焊缝。

CO_2 焊按操作方法可分为自动焊及半自动焊两种。对于较长的直线焊缝和规则的曲线焊缝，可采用自动焊；对于不规则的或较短的焊缝，则采用半自动焊，目前生产上应用最多的是半自动焊。CO_2 焊按照焊丝直径可分为细丝焊和粗丝焊两种。细丝焊的直径小于1.6mm，工艺上比较成熟，适于薄板焊接；粗丝焊的直径大于或等于1.6mm，适于中、厚板的焊接。

2. CO_2 焊的特点

（1）CO_2 焊的优点

1）焊接生产率高。由于焊接电流密度较大，电弧热量利用率较高，以及焊后不需清渣，因此生产率高。CO_2 焊的生产率比普通的焊条电弧焊高2~4倍。

2）焊接成本低。CO_2 气体来源广，价格便宜，而且电能消耗少，故使焊接成本降低。通常 CO_2 焊的成本只有埋弧焊或焊条电弧焊的40%~50%。

3）焊接变形小。电弧在保护气体的压缩下热量集中，焊接速度较快，熔池小，热影响区窄，焊件焊后的变形小，抗裂性能好，尤

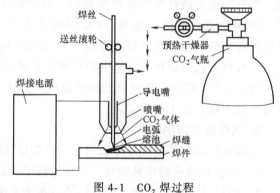

图4-1　CO_2 焊过程

其适合薄板焊接。

4) 焊接品质较高。对铁锈敏感性小，焊缝含氢量少，抗裂性能好，此外，用氩、氦等惰性气体焊接化学性质较活泼的金属和合金时，也具有较好的焊接质量。

5) 适用范围广。可实现全位置焊接，并且对于薄板、中厚板甚至厚板都能焊接。

6) 操作简便。焊后不需清渣，且是明弧，便于监控，有利于实现机械化和自动化焊接。

(2) CO_2 焊的缺点

1) 飞溅率较大，并且焊缝表面成形较差。金属飞溅是 CO_2 焊中较为突出的问题，这是主要缺点。

2) 很难用交流电源进行焊接，焊接设备比较复杂。

3) 抗风能力差，给室外作业带来一定困难。

4) 不能焊接容易氧化的有色金属。

CO_2 焊的缺点可以通过提高技术水准和改进焊接材料、焊接设备加以解决，而其优点却是其他焊接方法所不能比的。因此，可以认为 CO_2 焊是一种高效率、低成本的节能焊接方法。

3. CO_2 焊的应用

CO_2 焊适合自动焊和全方位焊接，而且 CO_2 焊主要用于焊接低碳钢及低合金钢等黑色金属。对于不锈钢，由于焊缝金属有增碳现象，影响抗晶间腐蚀性能，所以只能用于对焊缝性能要求不高的不锈钢焊件。此外，CO_2 焊还可用于耐磨零件的堆焊、铸钢件的焊补以及电铆焊等方面。目前 CO_2 焊已在汽车制造、化工机械、农业机械、矿山机械等部门得到了广泛的应用。

4. CO_2 焊熔滴过渡的特点

在常用的焊接参数内，CO_2 焊的熔滴过渡形式有两种，即细颗粒过渡和短路过渡。

(1) 细颗粒过渡　CO_2 焊采用大电流、高电压进行焊接时，熔滴呈颗粒状过渡。当颗粒尺寸增加时，会使焊缝成形恶化，飞溅加大，并使电弧不稳定。因此常用的是细颗粒过渡，此时熔滴直径约是焊丝直径的 30%～50%。其特点是电流大，直流反接。

(2) 短路过渡　CO_2 焊采用小电流、低电压焊接时，熔滴呈短路过渡。短路过渡时，熔滴细小而过渡频率高，此时焊缝成形美观，适于焊接薄件。

4.2.2 CO_2 气体保护电弧焊的冶金特性和焊丝

1. CO_2 焊的气体及焊丝

(1) CO_2 气体

1) CO_2 气体的性质。CO_2 气体是无色、无味、无毒的气体。在常温下它的密度为 $1.98kg/m^3$，约为空气的 1.5 倍。在常温时很稳定，但在高温时发生分解，至 5000K 时几乎能全部分解。

CO_2 气瓶的压力与环境温度有关，当温度为 0～20℃时，瓶中压力为 $(4.5～6.8)×10^6Pa$ (40～60 个大气压)；当环境温度在 30℃以上时，瓶中压力急剧增加，可达 $7.4×10^6Pa$ (73 个大气压) 以上。所以气瓶不得放在火炉、暖气等热源附近，也不得放在烈日下暴晒，以防发生爆炸。

2）提高 CO_2 气体纯度的措施。

① 洗瓶后应该用热空气吹干，因为洗瓶后在钢瓶中往往残留较多的自由状态水。

② 倒置排水。液态的 CO_2 可溶解质量分数约 0.05% 的水分，另外还有一部分自由态的水分沉积于钢瓶的底部。焊接使用前首先应去掉自由态水分。可将 CO_2 钢瓶倒立静置 1～2h，以使瓶中自由状态的水沉积到瓶口部位，然后打开阀门放水 2～3 次，每次放水间隔 30min，放水结束后，把钢瓶恢复放正。

③ 正置放气。放水处理后，将气瓶正置 2h，打开阀门放气 2～3min，放掉一些气瓶上部的气体，因这部分气体通常含有较多的空气和水分，同时带走气瓶中的空气。

④ 使用干燥器。可在焊接供气的气路中串接过滤式干燥器。用以干燥含水较多的 CO_2 气体。

（2）焊丝　CO_2 焊焊丝既是填充金属又是电极，所以焊丝既要保证一定的化学成分和力学性能，又要保证具有良好的导电性能和工艺性能。

CO_2 焊焊丝有实心焊丝和药芯焊丝两种。实心焊丝是目前最常用的焊丝，是热轧线材经过拉拔加工而成的。

1）对焊丝的要求，要注意以下几点：

① CO_2 焊焊丝必须比母材含有更多的 Mn、Si 等脱氧元素，以防止焊缝产生气孔，减少飞溅，保证焊缝金属具有足够的力学性能。

② 焊丝中碳的质量分数应控制在 0.10% 以下，并控制硫、磷含量。

③ 为了防止生锈，需对焊丝（除不锈钢焊丝外）进行表面特殊处理（主要是镀钢处理），这样不但有利于焊丝保存，而且可以改善焊丝的导电性及送丝的稳定性。

2）焊丝型号及规格。根据国家标准，焊丝型号由三部分组成。ER 表示焊丝，ER 后面的两位数字表示熔敷金属的最低抗拉强度，短划"-"后面的字母或数字表示焊丝化学成分分类代号，如还附加其他化学成分时，直接用元素符号表示，并用短划"-"与前面数字分开。

例如：

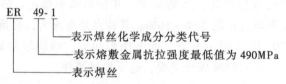

常用 CO_2 焊的焊丝牌号、化学成分及用途见表 4-1。

表 4-1　CO_2 焊常用焊丝的牌号、化学成分及用途

焊丝牌号	化学成分(%)											用途
	C	Si	Mn	Cr	Mo	Ti	Al	Ni	V	S	P	
H10MnSi	≤0.14	0.60～0.90	0.80～1.10	≤0.20	—	—	—	≤0.30	—	≤0.030	≤0.040	焊接低碳钢和低合金钢
H08MnSi	≤0.10	0.70～1.0	1.0～1.3	≤0.20	—	—	—	≤0.30	—	≤0.030	≤0.010	
H08MnSiA	≤0.10	0.60～0.85	1.4～1.7	≤0.20	—	—	—	≤0.25	—	≤0.030	≤0.035	
H08Mn2SiA	≤0.11	0.65～0.95	1.80～2.10	≤0.20	—	—	—	≤0.30	—	≤0.030	≤0.030	

（续）

焊丝牌号	化学成分(%)											用途
	C	Si	Mn	Cr	Mo	Ti	Al	Ni	V	S	P	
H04MnSiAlTiA	≤0.04	0.40~0.80	1.40~1.80	—	—	0.35~0.65	0.20~0.40			≤0.025	≤0.025	焊接高强度合金钢
H08Mn2MoA	0.06~0.11	≤0.25	1.60~1.90	≤0.20	0.50~0.70	—				≤0.030	≤0.030	
H08Mn2MoVA	0.06~0.11	≤0.25	1.60~1.90	≤0.20	0.50~0.70	≤0.15			0.06~0.12	≤0.030	≤0.030	
H10MnSiMo	≤0.14	0.70~1.10	0.90~1.20	≤0.20	0.15~0.25	—			≤0.30	≤0.030	≤0.04	
H10MnSiMoTiA	0.08~0.12	0.40~0.70	1.00~1.30	≤0.20	0.20~0.40	0.05~0.15			≤0.30	≤0.030	≤0.030	
H10Mn2MoVA	0.08~0.13	≤0.40	1.70~2.00	≤0.20	0.60~0.80	≤0.15			0.06~0.12	≤0.030	≤0.030	

2. 合金元素的氧化与脱氧

（1）合金元素的氧化　CO_2 及其在高温中分解出的氧，都具有很强的氧化性。随着温度的提高，氧化性增强。氧化反应的程度取决于合金元素在焊接区的浓度和它们对氧的亲和力。熔滴和熔池金属中 Fe 的浓度最大，Fe 的氧化比较激烈。Si、Mn、C 的浓度虽然较低，但它们与氧的亲和力比 Fe 大，所以也很激烈。

（2）氧化反应的结果　氧化反应生成的 CO 气体有两种情况：其一是在高温时反应生成的 CO 气体，由于 CO 气体体积急剧膨胀，在逸出液态金属的过程中，往往会引起熔池或熔滴的爆破，发生金属的溅损与飞溅。其二是在低温时反应生成的 CO 气体，由于液态金属呈现较大的黏度和较强的表面张力，产生的 CO 无法逸出，最终留在焊缝中形成气孔。

合金元素烧损、气孔和飞溅是 CO_2 焊中三个主要的问题。它们都与 CO_2 电弧的氧化性有关，因此必须在冶金上采取脱氧措施予以解决。但应指出，气孔、飞溅除和 CO_2 气体的氧化性有关外，还和其他因素有关，这些问题后文还要讨论。

（3）CO_2 焊的脱氧　加入到焊丝中的 Si 和 Mn，在焊接过程中一部分直接被氧化和蒸发，一部分耗于 FeO 的脱氧，剩余部分则残留在焊缝中，进行焊缝金属的合金化，所以焊丝中加入的 Si 和 Mn，需要有足够的数量。但是焊丝中 Si、Mn 的含量过多也不行。Si 含量过高会降低焊缝的抗热裂纹能力；Mn 含量过高会使焊缝金属的冲击韧度下降。

此外，Si 和 Mn 之间的比例还必须适当，否则不能很好地结合成硅酸盐浮出熔池，而会有一部分 SiO_2 或者 MnO 夹杂物残留在焊缝中，使焊缝的塑性和冲击韧度下降。

根据试验，焊接低碳钢和低合金钢用的焊丝，一般 $w(Si)$ 为 1%左右。经过在电弧中和熔池中烧损和脱氧后，还可在焊缝金属中剩下约 0.4%~0.5%。焊丝中 $w(Mn)$ 一般为 1%~2%。

3. CO_2 焊的气孔及预防方法

（1）CO 气孔　在焊接熔池开始结晶或结晶过程中，熔池中的 C 和 FeO 反应生成的气体来不及逸出，而形成 CO 气孔。这类气孔通常出现在焊缝的根部或近表面的部位，且多呈针尖状。

CO 气孔产生的主要原因是焊丝中脱氧剂不足,并且含碳量过多。

（2）N_2 孔　在电弧高温下,熔池金属对 N_2 有很大的溶解度。但当熔池温度下降时,N_2 在液态金属中的溶解度便迅速减小,就会析出大量 N_2,若未能逸出熔池,便生成 N_2 孔。N_2 孔常出现在焊缝近表面的部位,呈蜂窝状分布。

N_2 孔产生的主要原因是保护气层遭到破坏,使大量空气侵入焊接区域。

（3）H_2 孔　H_2 孔产生的主要原因是,熔池在高温时溶入了大量空气,在结晶过程中又不能充分排出,留在焊缝金属中成为气孔。

H_2 的来源是焊件、焊丝表面的油污及铁锈,以及 CO_2 气体中所含的水分。

CO_2 气体具有氧化性,可以抑制 H_2 孔的产生,只要焊前对 CO_2 气体进行干燥处理,去除水分,清除焊丝和焊件表面的杂质,产生 H_2 孔的可能性就很小。

CO_2 焊焊接缺陷的原因及其预防方法见表 4-2。

表 4-2　CO_2 焊焊接缺陷的原因及其预防方法

焊接缺陷的种类	可能的原因	检查项及其预防方法
气孔	1. CO_2 气体流量不足	气体流量是否合适（15~25L/min） 气瓶中气压是否>1000kPa
	2. 空气混入 CO_2 中	气管有无泄漏处 气管接头是否牢固
	3. 保护气被风吹走	风速大于 2m/s 时应采取防风措施
	4. 喷嘴被飞溅颗粒堵塞	去除飞溅（利用飞溅防堵剂或机械清除）
	5. 气体纯度不符合要求	使用合格的 CO_2
	6. 焊接处较脏	不要黏附油、锈、水、污物和油漆
	7. 喷嘴与母材距离过大	通常为 10~25mm,根据电流和喷嘴直径进行调整
	8. 焊丝弯曲	使电弧在喷嘴中心燃烧,应将焊丝校直
	9. 卷入空气	在坡口内焊接时,由于焊枪倾斜,气体向一个方向流动,空气容易从相反方向卷入 环焊缝时气体向一个方向流动,容易卷入空气 焊枪应对准环缝的圆心
电弧不稳	1. 导电嘴内孔尺寸不合适	应使用与焊丝直径相应的导电嘴
	2. 导电嘴磨损	导电嘴内孔可能变大,导电不良
	3. 焊丝送进不稳	焊丝是否太乱 焊丝盘旋转是否平稳 送丝滚轮尺寸是否合适 加压滚轮压紧力是否太小 导向管曲率可能太小,送丝不良
	4. 网路电压波动	一次侧电压变化不要过大
	5. 导电嘴与母材间距过大	该距离应为焊丝直径的 10~15 倍
	6. 焊接电流过低	使用与焊丝直径相适应的电流
	7. 接地不牢	应可靠连接（由于母材生锈,有油漆及油污使得接触不好）
	8. 焊丝种类不合适	按所需的熔滴过渡状态选用焊丝

（续）

焊接缺陷的种类	可能的原因	检查项及其预防方法
焊丝与导电嘴粘连	1. 导电嘴与母材间距太小	该距离由焊丝直径决定
	2. 起弧方法不正确	不得在焊丝与母材接触时引弧（应在焊丝与母材保持一定距离时引弧）
	3. 导电嘴不合适	按焊丝直径选择尺寸适合的导电嘴
	4. 焊丝端头有熔球时起弧不好	剪断焊丝端头的熔球或采用带有去球功能的焊机
飞溅多	1. 焊接规范不合适	焊接规范是否合适，特别是电弧电压是否过高
	2. 输入电压不平衡	一次侧有无断相（熔丝等）
	3. 直流电感抽头不合适	大电流（200A 以上）用线圈多的抽头，小电流用线圈少的抽头
	4. 磁偏吹	改变一下地线位置 减少焊接区的空隙 设置工艺板
	5. 焊丝种类不合适	按所需的熔滴过渡状态选用焊丝
电弧周期性地变动	1. 送丝不均匀	焊丝盘是否圆滑旋转 送丝滚轮是否打滑 导向管的摩擦阻力可能太大
	2. 导电嘴不合适	导电嘴尺寸是否合适 导电嘴是否磨损
	3. 一次侧输入电压变动大	电源变压器容量够不够 附近有无过大负载（电阻点焊机等）
咬边	1. 焊接规范不合适	电弧电压是否过高，焊速是否过快 焊接方向是否正确
	2. 焊枪操作不合理	焊枪角度是否正确 焊枪指向位置是否正确 改进焊枪摆动方法
焊瘤	1. 焊接规范不合适	电弧电压是否过低，焊速是否过慢 焊丝干伸长是否过大
	2. 焊枪操作不合理	焊枪角度是否正确 焊枪指向位置是否正确 改进焊枪摆动方法
焊不透	1. 焊接规范不合适	是否电流太小、电压太高、焊速太低 焊丝干伸长是否太大
	2. 焊枪操作不合理	焊枪角度是否正确（倾角是否过大） 焊枪指向位置是否正确
	3. 接头形状不良	坡口角度和根部间隙可能太小 接头形状应适合所用的焊接方法

（续）

焊接缺陷的种类	可能的原因	检查项及其预防方法
烧穿	1. 焊接规范不合适	是否电流太大、电压太低
	2. 坡口不良	坡口角度是否太大 钝边是否太小，根部间隙是否太大 坡口是否均匀
夹渣	焊接规范不合适	正确选择焊接规范(适当增加电流、焊速) 摆动宽度是否太大 焊丝干伸长是否太大

4.2.3　CO_2 气体保护电弧焊设备

CO_2 气体保护焊设备有半自动焊设备和自动焊设备。其中，CO_2 半自动焊设备应用较广，常用 CO_2 半自动焊设备由以下几部分组成：焊接电源、控制系统、送丝系统、焊枪和气路系统等，如图 4-2 所示。

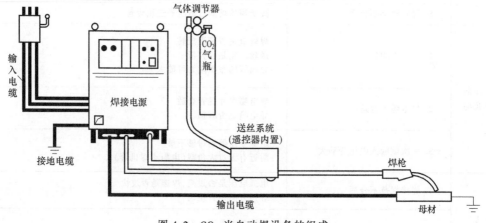

图 4-2　CO_2 半自动焊设备的组成

（1）焊接电源

1）CO_2 焊使用交流焊接时，电弧不稳定，飞溅大，所以一般采用直流焊接电源。

细焊丝（≤ϕ1.2mm）CO_2 焊一般采用等速送丝机构，配平特性或缓降特性的电源，依靠电弧自身的调节，保持弧长的稳定，一般选用短路过渡进行焊接。

粗焊丝（≥ϕ1.6mm）CO_2 焊一般采用变速送丝机构，配下降特性的电源，采用弧压反馈调节来维持弧长的稳定，一般选用细颗粒过渡进行焊接。

2）CO_2 焊焊机型号按照国家相关规定，一般表示形式如下：

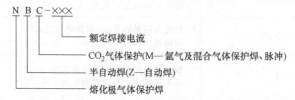

额定焊接电流
CO_2气体保护(M—氩气及混合气体保护焊、脉冲)
半自动焊(Z—自动焊)
熔化极气体保护焊

常用的 CO_2 半自动焊焊机型号有 NBC-160、NBC-200、NBC1-300（1 代表全位置焊车式）等。

（2）送丝系统 送丝系统由送丝机（包括电动机、减速器、校直轮和送丝滚轮）、送丝软管、焊丝盘等组成。图 4-3 CO_2 半自动焊的送丝方式为等速送丝，主要分为拉丝式、推丝式和推拉式三种。

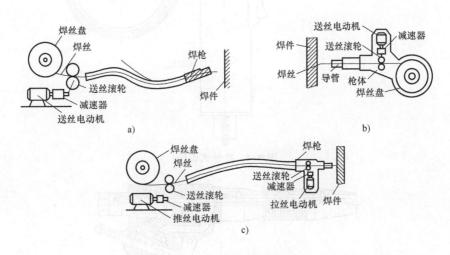

图 4-3 CO_2 半自动焊的送丝方式

三种送丝方式应用范围如下：

1）拉丝式的焊丝盘、送丝机构与焊枪连接在一起，只适于细焊丝（直径为 0.5 ~ 0.8mm），操作的范围较大。

2）推丝式的焊丝盘、送丝机构与焊枪分离，所用的焊丝直径宜在 0.8mm 以上，其焊枪的操作范围在 2~4m 以内，目前，CO_2 半自动焊多采用推丝式焊枪。

3）推拉式兼有前两种送丝方式的优点，焊丝送给以推丝为主，但焊枪及送丝机构较为复杂。

（3）焊枪 焊枪的作用是导电、导丝和导气。

按送丝方式，焊枪可分为推丝式焊枪和拉丝式焊枪两种。

1）拉丝式焊枪。常用的拉丝式焊枪为手枪式结构，如图 4-4 所示。这种焊枪送丝均匀稳定，活动范围大，但因焊丝盘装在焊枪上，结构复杂且笨重，只能使用直径为 0.5 ~ 0.8mm 的焊丝。

2）推丝式焊枪。推丝式焊枪按结构可分为手枪式焊枪和鹅颈式焊枪两种类型。

① 手枪式焊枪。手枪式焊枪如图 4-5 所示，若使用较大的焊接电流，宜采用手枪式水冷焊枪。

② 鹅颈式焊枪。鹅颈式焊枪如图 4-6 所示，这种焊枪似鹅颈，枪体轻便，用于平焊位置较为方便，应用较为广泛。

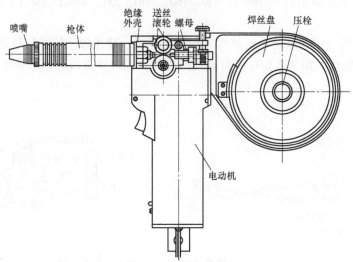

图 4-4　拉丝式焊枪

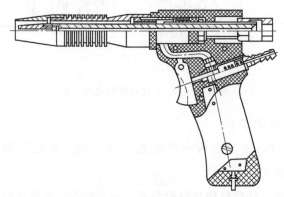

图 4-5　手枪式焊枪

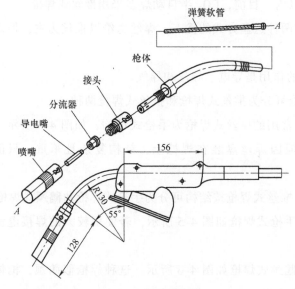

图 4-6　鹅颈式焊枪

（4）供气系统 供气系统包括 CO_2 气瓶、预热器、减压流量调节器及气阀等。

在减压器减压前经预热器预热，可防止 CO_2 气体从高压气瓶内释出时在瓶口结冰（俗称干冰），堵塞气路。预热器的功率为 75~100W。

减压流量调节器用以将气瓶内的高压 CO_2 气体降压、稳压，并调节和测量保护气体的流量。它将预热器、减压器和流量计合装在一起，使用起来很方便。

（5）控制系统 CO_2 焊控制系统的作用是对供气、送丝和供电系统实现控制。CO_2 半自动焊的控制程序如图 4-7 所示。

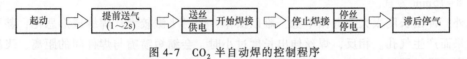

图 4-7 CO_2 半自动焊的控制程序

4.2.4 CO_2 气体保护电弧焊工艺

在 CO_2 焊中，为了获得稳定的焊接过程，熔滴过渡通常有两种形式，即短路过渡和细颗粒过渡。短路过渡焊接在我国应用最为广泛。

1. 短路过渡 CO_2 焊工艺

（1）短路过渡焊接的特点 短路过渡时，采用细焊丝、低电压和小电流。熔滴细小而过渡频率高，电弧非常稳定，飞溅小，焊缝成形美观。主要用于焊接薄板及全位置焊接。焊接薄板时，生产率高，变形小，焊接操作容易掌握，对焊工技术水准要求不高。因而短路过渡的 CO_2 焊易于在生产中得到推广应用。

（2）焊接参数的选择 主要的焊接参数有：焊丝直径、焊接电流、电弧电压、焊接速度、保护气体流量、焊丝伸出长度及电感值等。

1）焊丝直径。短路过渡焊接采用细焊丝，常用焊丝直径为 0.6~1.6mm。随着焊丝直径的增大，飞溅颗粒相应增大。

2）焊接电流。焊接电流是重要的焊接参数，是决定焊缝厚度的主要因素。电流大小主要取决于送丝速度。

3）电弧电压。短路过渡的电弧电压一般在 17~25V 范围内。因为短路过渡只有在较短的弧长情况下才能实现，所以电弧电压是一个非常关键的焊接参数。如果电弧电压选得过高（如大于 29V），则无论其他参数如何选择，都不能得到稳定的短路过渡过程。

短路过渡时焊接电流均在 200A 以下，这时电弧电压均在较窄的范围（2~3V）内变动。

4）焊接速度。随着焊接速度的增加，焊缝熔宽、熔深和余高均减小。焊速过高，容易产生咬边和未焊透等缺陷，同时气体保护效果变坏，易产生气孔。焊接速度过低，易产生烧穿、组织粗大等缺陷，并且变形增大，生产效率降低。因此，应根据生产实践对焊接速度进行正确的选择。通常 CO_2 半自动焊的速度不超过 0.5m/min，CO_2 自动焊的速度不超过 1.5m/min。

5）气体的流量及纯度。气体流量过小时，保护气体的挺度不足，焊缝容易产生气孔等缺陷；气体流量过大时，不仅浪费气体，而且氧化性增强，焊缝表面会形成一层暗灰色的氧化皮，使焊缝质量下降。为保证焊接区免受空气的污染，当焊接电流大或焊接速度快，焊丝伸出长度较长以及室外焊接时，应增大气体流量。通常细丝焊接时，气体流量在 15~25L/min 范围内。CO_2 气体的纯度不得低于 99.5%。同时，当气瓶内的压力低于 1MPa 时，就应停止使用，以免产生气孔。这是因为气瓶内压力降低时，溶于液态 CO_2 中的水分汽化量也随之增大，从而混入 CO_2 气体中的水蒸气含量增大。

6）焊丝伸出长度。由于短路过渡均采用细焊丝，所以焊丝伸出长度部分所产生的电阻热影响很大。伸出长度增加，焊丝上的电阻热增加，焊丝熔化加快，生产率提高。但伸出长度过大时，焊丝容易发生过热而成段熔断，飞溅严重，焊接过程不稳定。同时伸出长度增大后，喷嘴与焊件间的距离也增大，因此气体保护效果变差。但伸出长度过小势必缩短喷嘴与焊件间的距离，飞溅金属容易堵塞喷嘴。合适的伸出长度应为焊丝直径的 10~12 倍，细焊丝时以 8~15mm 为宜。

此外，伸出长度太大，电弧不稳，难以操作，同时飞溅较大，焊缝成形恶化，甚至破坏保护效果而产生气孔。相反，焊丝伸出长度过小时，会缩短喷嘴与焊件间的距离，飞溅金属容易堵塞喷嘴。同时，还妨碍观察电弧，影响焊工操作。

2. 细滴过渡 CO_2 焊工艺

（1）特点　细滴过渡 CO_2 焊的特点是电弧电压比较高，焊接电流比较大。此时电弧是持续的，不发生短路熄弧的现象。焊丝的熔化金属以细滴形式进行过渡，所以电弧穿透力强，母材熔深大，适合进行中等厚度及大厚度焊件的焊接。

（2）焊接参数选择

1）电弧电压与焊接电流。为了实现细滴过渡，电弧电压必须在 34~45V 范围内。焊接电流则根据焊丝直径来选择。对应不同的焊丝直径，实现细滴过渡的焊接电流下限是不同的。

2）焊接速度。细滴过渡 CO_2 焊的焊接速度较高。与同样直径焊丝的埋弧焊相比，焊接速度高 0.5~1.0 倍。常用的焊速为 40~60m/h。

3）保护气体流量。应选用较大的气体流量来保证焊接区的保护效果。保护气体流量通常比短路过渡的 CO_2 焊提高 1~2 倍。常用的气体流量范围为 25~50L/min。

3. CO_2 焊的焊接技术

（1）焊前准备　CO_2 焊时，为了获得最好的焊接效果，除选择好焊接设备和焊接参数外，还应做好焊前准备工作。

1）坡口形状。细焊丝短路过渡的 CO_2 焊主要焊接薄板或中厚板，一般开 I 形坡口；粗焊丝细滴过渡的 CO_2 焊主要焊接中厚板及厚板，可以开较小的坡口。开坡口不仅是为了熔透，而且要考虑到焊缝成形的形状及熔合比。

2）坡口加工方法与清理。加工坡口的方法主要有机械加工、气割和碳弧气刨等。

3）定位焊。定位焊是为了保证坡口尺寸，防止由于焊接引起变形。通常 CO_2 焊与焊条电弧焊相比要求更坚固的定位焊缝。定位焊缝本身易生成气孔和夹渣，是随后进行 CO_2 焊时产生气孔和夹渣的主要原因。所以必须认真地焊接定位焊缝。

焊接薄板时定位焊缝应该细而短，长度为 3~10mm，间距为 30~50mm。它可以防止变形及焊道不规整。焊接中厚板时定位焊缝间距较大，达 100~150mm。为增加定位焊的强度，应增大定位焊缝长度，一般为 15~50mm。若为熔透焊缝时，点固处难以实现反面成形，应从反面进行点固。

（2）引弧与收弧

1）引弧工艺。CO_2 半自动焊时，喷嘴与焊件间的距离不好控制。当焊丝以一定速度冲向焊件表面时，往往把焊枪顶起，使焊枪远离焊件，从而破坏了正常保护。所以，焊工应该注意保持焊枪到焊件的距离。

CO_2 半自动焊时习惯的引弧方式是焊丝端头与焊接处划擦的过程中按焊枪按钮，通常称为"划擦引弧"。

2) 收弧方法。焊道收尾处往往出现凹陷，它被称为弧坑。CO_2 焊比一般焊条电弧焊用的焊接电流大，所以弧坑也大。弧坑处易产生火口裂纹及缩孔等缺陷。为此，应设法减小弧坑尺寸。

（3）平焊的焊接技术

1) 单面焊双面成形技术。从正面焊接，同时获得背面成形的焊道称为单面焊双面成形，常用于焊接薄板及厚板的打底焊道。

① 悬空焊接。无垫板的单面焊双面成形焊接时对焊工的技术水准要求较高，对坡口精度、装配质量和焊接参数也提出了严格要求。

坡口间隙对单面焊双面成形的影响很大。

② 加垫板的焊接。加垫板的单面焊双面成形比悬空焊接容易控制，而且对焊接参数的要求也不十分严格。垫板材料通常为纯铜板。为防止铜垫板与焊件焊到一起，最好采用水冷铜垫板。

2) 对接焊缝的焊接技术。薄板对接焊一般采用短路过渡，中厚板大都采用细滴过渡。坡口形状可采用 I 形、Y 形、单边 V 形、U 形和 X 形等。通常 CO_2 焊时的钝边较大而坡口角度较小，最小可达 45°左右。

在坡口内焊接时，如果坡口角度较小，熔化金属容易流到电弧前面去，而引起未焊透，所以在焊接根部焊道时，应该采用右焊法和直线式移动。当坡口角度较大时，应采用左焊法和小幅度摆动焊接根部焊道。

4.3 熔化极惰性气体保护电弧焊

熔化极惰性气体保护电弧焊是以连续送进的焊丝作为熔化电极，采用惰性气体作为保护气体的电弧焊接方法，通常其英文缩写为 MIG 焊。MIG 焊是目前常用的气体保护焊接方法之一。本节主要讲述 MIG 焊的原理、特点、焊丝、保护气体及焊接工艺等内容。

4.3.1 熔化极惰性气体保护电弧焊的原理及特点

1. MIG 焊的基本原理

MIG 焊在惰性气体（氩气和氦气）的保护下，采用焊丝作为电路，电弧在焊丝与焊件之间燃烧。焊丝连续送进并不断熔化，而熔化的熔滴也不断向熔池过渡，与液态的焊件金属熔合，经冷却凝固后形成焊缝。

2. MIG 焊的特点

MIG 焊与 CO_2 焊、钨极氩弧焊等相比有以下特点：

（1）焊缝质量高 由于有惰性气体作为保护气体，惰性气体不会与金属起化学反应，合金元素不会氧化烧损，而且也不溶解于金属，因此保护效果好，能获得较为纯净且高质量的焊缝。

（2）焊接范围广　MIG 焊几乎适用于所有的金属材料，尤其适合焊接化学性质活泼的金属和合金。MIG 焊主要用于铝、镁、铜及其合金和不锈钢及耐热钢等材料的焊接，有时还可以用于焊接结构的打底焊。MIG 焊可以焊接各种厚度的焊件，特别适用于中等和大厚度焊件的焊接。

（3）焊接效率高　由于用焊丝作为电极，克服了氩弧焊钨极的熔化和烧损的限制，可采用高密度电流，因而焊缝厚度大，填充金属熔敷速度快。例如铝及铝合金，当焊接电流为 450~470A 时，焊缝的厚度可达 15~20mm，且采用自动焊和半自动焊，具有较高的焊接生产率，并改善了劳动条件。

MIG 焊的缺点是没有脱氧去氢作用，因此对母材及焊丝的油、锈很敏感，易形成气孔等缺陷，所以对焊接材料表面处理要求特别严格；MIG 焊抗侧向风能力差，不利于野外焊接；焊接设备也比较复杂，焊接成本相对较高。

3. MIG 焊的应用

MIG 焊适用于焊接低碳钢、低合金钢、耐热钢、不锈钢、非铁金属及其合金。低熔点或低沸点金属材料如铅、锡、锌等，不宜采用 MIG 焊。目前在中等厚度、大厚度及铝合金板材的焊接中，已广泛地应用了 MIG 焊。

MIG 焊可分为半自动焊和自动焊两种。自动 MIG 焊适用于较规律的焊缝、环缝及水平位置的焊接；半自动 MIG 焊大多用于定位焊、短焊缝、断续焊缝以及铝容器中封头、管接头、加强圈等工件的焊接。

4.3.2　熔化极惰性气体保护电弧焊的保护气体和焊丝

1. 保护气体

MIG 焊常用的保护气体有氩气、氦气和二者的混合气体，其特性及应用范围如下：

（1）氩气（Ar）　氩气是一种惰性稀有气体，在空气中的体积分数约为 1%，不易分解吸热，不与金属发生化学反应，也不溶于金属中。其密度约为空气的 1.4 倍，故不易漂浮散失，能有效排除焊接区域的空气。氩气的比热容和导电系数比空气小，这些性能使氩气在焊接时能起到良好的保护作用。氩气保护的优点是电弧燃烧非常稳定，进行 MIG 焊时焊丝金属很容易呈稳定的轴向射流过渡，飞溅极小，缺点是形成的焊缝容易呈"指状"。

（2）氦气（He）　氦气也是一种惰性气体，密度约为空气的 1/7，可以从天然气中分离得到，以液态或压缩气体的形式供应。氦气的电离电压很高，引弧较困难，电弧温度和能量密度高，母材的热输入较大，熔池的流动性强，焊接效率高，适用于高导热性和大厚度的金属材料。但是，由于氦气的相对密度比空气小很多，为了有效地保护焊接区，需要的电流应比氩气高 2~3 倍，而且，氦气比较昂贵，所以一般很少使用。

（3）氩气+氦气（Ar+He）　氩气和氦气按照一定的比例混合使用，兼具氩气和氦气两者的优点。电弧燃烧稳定，功率大，温度高，金属熔化速度快，熔滴易呈现较稳定的轴向射流过渡，熔池流动性好，焊缝成形好，致密性提高。这些特点适用于焊接导热性强、厚度大的非铁金属，如铝、钛、锆、镍铜及其合金。在焊接大厚度及铝合金时，可改善焊缝成形、减少气孔及提高焊接生产率，氦气所占的比例随着工件厚度的增加而增大。在焊接铜及其合金时，氦气所占比例一般为 50%~70%。

2. 焊丝

MIG 焊选用的焊丝成分应该与母材成分相似或相近，且具有良好的焊接工艺性，并能使接头性能良好。有些特殊情况下，为了保证焊接顺利和焊缝质量，需要采用与母材成分完全不同的焊丝。例如，焊接高强度铝合金和合金钢的焊丝，在成分上通常完全不同于母材，其原因在于某些合金元素在焊接金属中将发生不利的冶金反应而产生缺陷或者显著降低焊缝金属性能。

MIG 焊使用的焊丝直径一般为 0.8~2.5mm。焊丝直径越小，焊接过程中越容易带入杂质。这些杂质可能引起气孔、裂纹等缺陷，因此焊丝使用前必须经过严格的清理。另外，由于焊丝需要连续而流畅地通过焊枪送进焊接区，所以，焊丝一般以焊丝卷或焊丝盘的形式供应。

4.3.3　熔化极惰性气体保护电弧焊工艺

MIG 焊熔滴过渡的形式主要有射流过渡、短路过渡和脉冲射流过渡。在用 MIG 焊焊接铝及铝合金时，常采用亚射流过渡。MIG 焊工艺主要包括焊前准备和焊接工艺参数。

1. 焊前准备

焊前准备包括坡口准备、设备检查、焊件组装以及表面清理等。由于 MIG 焊对污垢、油渍很敏感，因此焊前表面清理工作是焊前准备的重点。常用的焊前清理方法有化学清理和机械清理。

（1）化学清理　化学清理要根据焊件材料选择清理方法，例如铝及其合金表面存在油污和一层高熔点、大电阻的致密氧化膜，所以焊前要进行脱脂清理。其他合金的化学清理可参考《焊接手册》等相关资料。

（2）机械清理　机械清理的常规手段包括打磨、刮削和喷砂，用来清理表面氧化膜。对于高温合金和不锈钢焊件，常用砂纸打磨或抛光法清除氧化膜。对于较软的材料，可用细钢丝刷、钢丝轮或刮刀将焊件接头两侧一定范围内的氧化物去除。焊前清理方法经常采用化学清理，尤其是在批量生产时，因为机械清理方法效率低，人工成本高。

2. 焊接参数的选择

MIG 焊的焊接参数主要包括焊丝直径、焊接电流、电弧电压、焊接速度、保护气体流量、焊丝伸出长度和喷嘴直径等。这些焊接参数直接影响整个焊缝质量的好坏。

（1）焊丝直径　焊丝直径主要根据焊件的厚度及施焊的位置来选择。细焊丝（直径≤1.2mm）以短路过渡为主，主要用于焊接薄板和全位置焊接。而粗焊丝以射流过渡为主，多用于厚板平焊。射流过渡在平焊位置焊接大厚度板时，可采用直径为 3.2~5.6mm 的焊丝，焊接电流可调节到 500~1000A。粗丝大电流焊的熔透能力强，焊道层数少，焊接生产率高，焊接变形小。

（2）焊接电流　焊接电流是对焊缝质量影响最大的焊接参数，选择好焊丝直径后再确定焊接电流。当焊丝直径选定后，选择不同的焊接电流可以获得不同的熔滴过渡类型，电流超过某一临界电流值时可以获得连续喷射过渡形式。焊丝直径增大，其临界电流值也会相应增加。电流较大时为滴状过渡，飞溅大，焊接不稳定。

在焊接铝及铝合金时，为获得优质的焊接接头，MIG 焊一般采用亚射流过渡，此时电弧发出"咝咝"兼有熔滴短路时的"啪啪"声，且电弧稳定，气体保护效果好，飞溅小，熔深大，焊缝成形美观，表面鱼鳞纹细密。

（3）电弧电压　电弧电压主要影响熔滴的过渡形式及焊缝成形。要想获得稳定的熔滴过渡，需要焊接电弧电压搭配合适的焊接电流。图 4-8 是 MIG 焊时电弧电压和焊接电流的关系图，从图中可以看出若超出合理范围，容易产生焊接缺陷。如电弧电压过高，则可能产生气孔和飞溅；如电弧电压过低，则有可能短接。

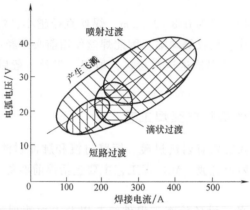

图 4-8　MIG 焊时电弧电压和焊接电流的关系图

（4）焊接速度　焊接速度要与焊接电流匹配，自动焊时更要如此。当其他条件不变时，焊接速度增大，焊缝厚度增大但有一个最大值，当超过这个值时，焊缝宽度和深度都变小，甚至导致咬边。焊速减小时，单位长度填充的金属熔化量增加，熔池体积变大。由于此时电弧接触的是熔池金属，后面的固态母材是靠导热熔化的，故熔深小，熔宽大。由于 MIG 焊对熔池的保护要求较高，焊接速度又高，如果保护不良，焊缝表面易起皱皮。自动 MIG 焊的焊接速度为 25~150m/h，半自动 MIG 焊的焊接速度为 5~60m/h。

（5）焊丝伸出长度　喷嘴端部至工件的距离应该保持在 12~22mm。从气体保护效果看，距离越近越好，但距离过近，容易使喷嘴接触熔池表面，烧电嘴堵塞电嘴，反而恶化焊缝成形。焊丝伸出长度越长，产生的电阻热越多，焊丝熔化速度越快，但过长会造成以低的电弧热熔敷过多的焊缝金属，使焊缝成形不良，电弧不稳定，焊缝厚度小。

（6）焊丝的位置　焊丝和焊缝的相对位置会影响焊缝成形，焊丝与焊缝的相对位置有前倾、后倾和垂直三种。当焊丝用前倾焊法时，形成的熔深大，焊道窄，余高也大；当用后倾焊法时，形成的熔深小，余高也小；用垂直焊法时，介于两者之间。对于半自动 MIG 焊，焊接时一般采用左焊法，便于操作者观察熔池。

综上所述，在选择 MIG 焊的焊接参数时，应先根据焊件厚度、坡口形状选择焊丝直径，再由熔滴过渡形式确定电流，并配以合适的电弧电压、焊接速度和其他参数，应以保证焊接过程稳定及焊缝质量为原则。

4.4　钨极惰性气体保护电弧焊

钨极惰性气体保护电弧焊（Tungsten Inert Gas Arc Welding）是使用纯钨或活化钨作为非熔化电极，采用氩气、氦气等惰性气体作为保护气体的电弧焊方法，简称 TIG 焊。其电弧产生于钨电极与工件之间，金属熔化而形成焊缝，是连接薄板金属和打底焊的一种极好的焊接方法。

4.4.1　钨极惰性气体保护电弧焊的工作原理及特点

1. 钨极惰性气体保护电弧焊的原理

TIG 焊的工作原理是将非熔化的钨极从 TIG 焊焊枪的喷嘴中伸出一定长度，如图 4-9 所示。在伸出的钨极端部与工件母材之间产生电弧，对焊件进行加热。与此同时，惰性保护气体从非熔化钨极的周围通过气体喷嘴连续喷向焊接区域，在电弧周围形成气体保护层隔绝空气，以防止其对钨极、熔池及邻近热影响区产生有害影响，从而获得优质的焊缝。焊接过程根据工作的具体条件要求来决定是否添加填充焊丝。

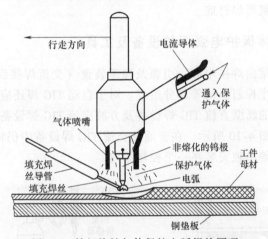

图 4-9　钨极惰性气体保护电弧焊的原理

2. 钨极惰性气体保护电弧焊的特点

TIG 焊的优点主要有：

1）惰性气体保护作用极好，可以有效地隔绝空气，而它本身既不与金属起化学反应，也不溶于金属，焊接过程中熔池的冶金反应简单易控制，这为获得高质量的焊缝提供了良好的条件。

2）钨极电弧非常稳定，呈典型的钟罩形，即使在很小电流的情况下（<10A）仍可以稳定燃烧，特别适合于薄板材料焊接。

3）热源和填充焊丝可以分别控制，容易调整热输入，可进行全位置焊接，是实现单面焊双面成形的理想方法。

4）填充焊丝不通过电流，不会产生飞溅，焊缝成形美观。

5）交流氩弧能够自动清除焊接过程中工作表面的氧化膜，故可成功地焊接一些化学活性强的有色金属，如铝、镁及其合金。

6）TIG 焊可靠性高，可以焊接重要的构件，如核电站及航空、航天工业使用构件。

当然 TIG 焊也有自身的一些缺点：

1）钨极承载电流能力较差，过大的电流会引起钨极的熔化和蒸发，其微粒有可能进入熔池而引起夹钨。因此，熔敷速度小，熔深浅，生产率低。

2）采用的惰性气体较贵，熔敷率低，且氩弧焊机又较复杂，和其他焊接方法（如焊条电弧焊、埋弧焊、CO_2 焊）比较，生产成本较高。

3）氩弧受周围气流影响较大，不适宜室外工作。

4）氩气没有脱氧和去氢作用，所以焊前对焊件的除油、去锈、去水等准备工作要求严格，否则易产生气孔，影响焊缝的质量。

理论上来讲，TIG 焊几乎可用于所有金属和合金的焊接，但受焊接成本的限制，主要用于焊接铝、镁、钛、铜等有色金属以及不锈钢、耐热钢等。对于低熔点和易蒸发的金属（如铅、锡、锌），焊接较困难。

TIG 焊所焊接的板材厚度范围，从生产率考虑以 3mm 以下为宜。对于某些厚壁重要构件（如压力容器及管道），在底层熔透焊道焊接、全位置焊接和窄间隙焊接时，为了保证底层焊接质量，往往采用氩弧焊打底。

4.4.2　钨极惰性气体保护电弧焊的设备及工具

手工 TIG 焊设备通常由焊接电源、引弧及稳弧装置（交流焊接设备用）、焊枪、水冷系统、供气系统和焊接程序控制系统等部分组成。对于自动 TIG 焊还应包括焊接小车行走机构及送丝装置。现在生产的新型直流 TIG 焊设备及方波交流 TIG 焊设备中，控制系统等已经和焊接电源合为一体，如图 4-10 所示。在普通的交流 TIG 焊设备中仍将控制系统、引弧装置、稳弧装置以及隔音装置等单独安装在一个控制箱内。

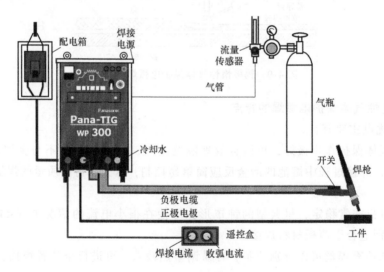

图 4-10　TIG 焊设备

1. 焊接电源

TIG 焊的电源有直流电源、交流电源、交直流两用电源及脉冲电源。直流焊机型号有 WS-250、WS-400 等；交流焊机型号有 WSJ-300、WSJ-500；交直流焊机型号有 WSE-150、WSE-400；脉冲焊机型号有 WSM-200、WSM-400。焊接时选择哪种电源以及选定直流电源时极性接法是十分重要的，应该根据被焊接材料来选择。交流焊机型号举例说明如下：

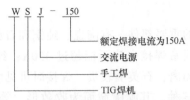

WSJ－150
额定焊接电流为150A
交流电源
手工焊
TIG焊机

TIG 焊要求采用陡降外特性、下降外特性的电源，以保证在弧长发生变化时，减小焊接电流的波动。通常外特性曲线工作部分斜率最大，为 7V/100A，且越大越好。交流焊机电源常用动圈漏磁式变压器；直流电源可用硅整流电源、晶闸管式整流电源或逆变式整流电源。

2. 焊枪

焊枪的作用是夹持钨极，传导焊接电流和输送保护气，其应满足下列要求：

1）保护气流具有良好的流动状态和一定的挺度。

2）枪体有良好的导电性能、气密性和水密性。

3）枪体能被充分冷却，以保证持久工作。

4）喷嘴与钨极间绝缘良好，以免喷嘴和焊件不慎接触时产生短路、打弧。

5）自重轻、结构紧凑、可达性好、装拆维修方便。

焊枪分气冷式和水冷式两种，前者用于小电流（电流不超过 150A）焊接，主要是通过保护气体的流动来冷却，其重量轻、尺寸小、结构紧凑、价格比较便宜；后者用于大电流（电流高于 150A）焊接，主要通过流过焊枪内导电部分和焊接电缆的循环水来冷却，结构比较复杂，价格较贵。图 4-11 所示为一种水冷式 TIG 焊枪结构，其中喷嘴的形状对气流的保护性能影响较大。

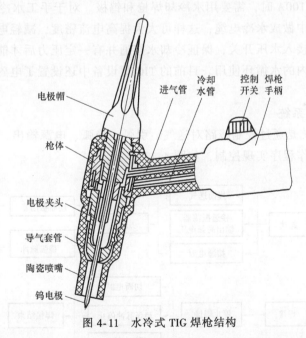

图 4-11 水冷式 TIG 焊枪结构

自动 TIG 焊用的是水冷、笔式的焊枪，往往是在大电流条件下连续工作，其内部结构与手工 TIG 焊焊枪相似。

3. 喷嘴

喷嘴是决定氩气保护性能的重要部件，有陶瓷、纯铜和石英三种材料。高温陶瓷喷嘴既绝缘又耐热，应用最广泛，但通常焊接电流不能超过 350A；纯铜喷嘴使用电流可达 500A，需用绝缘套将喷嘴和导电部分隔离；石英嘴较贵，焊接时可见度好。

生产中使用的喷嘴形式有三种，其喷嘴截面为收敛形、等截面形和扩散形，如图 4-12所示。其中等截面形喷嘴喷出气流有效保护区域最大，应用最广泛；收敛形喷嘴电弧可见度较好，便于操作，应用比较普遍；扩散形喷嘴通常用于熔化极气体保护焊。喷嘴内表面应保持清洁，若喷孔沾有其他物质，会干扰保护气柱或在气柱中产生湍流，从而影响保护效果。

4. 供气系统

供气系统由高压气瓶、减压阀、流量传感器和电气阀组成。氩气瓶和氧气瓶一样，其标称容量为 40L，满瓶压力为 15.2MPa，气瓶外表按规定涂成蓝灰色，并标以"氩气"字样。减压阀将高压瓶中的气体压力降至焊接所要求的压力，流量传感器用来调节和测量气体的流量。目前国内常用的是浮子式流量传感器和指针式流量传感器，电磁阀以电信号控制气流的通断。有时将流量传感器和减压阀做成一体，成为组合式。

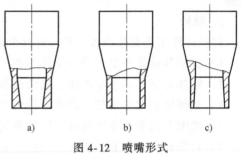

图 4-12　喷嘴形式

a）收敛形　b）等截面形　c）扩散形

5. 水冷系统

水冷系统主要用来冷却焊枪电缆、焊枪和钨棒。当焊接电流小于 100A 时，不需要水冷；当焊接电流大于 100A 时，需要用水冷却焊枪和钨极。对于手工水冷式焊枪，通常将焊接电缆装入通水软管中做成水冷电缆，这样可大大提高电流密度，减轻电缆重量，使焊枪更轻便。有时水路中还接入水压开关，保证冷却水接通并有一定压力后才能起动焊机。必要时可采用水泵，将水箱内的水循环使用。目前的 TIG 焊设备中还设置了电磁阀，以控制冷却水的流通。

6. 焊接程序控制系统

TIG 焊的控制系统是通过控制线路对送气、引弧、稳弧、电源输出、焊丝送进以及焊车行走等各个阶段的动作程序实现控制，如图 4-13 所示。

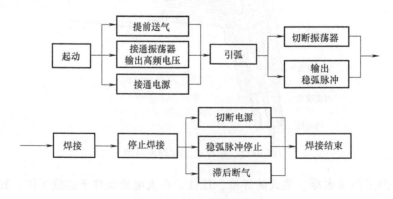

图 4-13　控制程序方框图

为了获得优质焊缝，TIG 焊必须有序地进行。通常焊接程序控制装置应满足以下要求：

1) 起弧前，保护气必须提前 1.5~4s 向起始焊点输送，以排出管内及焊接区域的空气。

2) 灭弧后，保护气应该保留 5~15s，焊枪需待停气后才离开终焊处，保护还未冷却的钨极与熔池，以保证焊缝末端的质量。

3) 能够自适应接通并切断引弧和稳弧电路。

4) 控制电源的通断。

5) 焊接结束前电流自动衰减，以消除火口裂纹和防止弧坑开裂。这对于环焊缝及热裂纹敏感材料尤其重要。

4.4.3 钨极惰性气体保护电弧焊工艺

1. 接头及坡口形式

氩弧焊的接头形式有对接、搭接、角接、T 形接和端接五种基本类型，其中最常见的是板材对接，坡口的形状和尺寸取决于工件的材料、厚度和工件要求（可参考 JB/T 9185—1999 和 GB/T 985.1—2008）。

3mm 以下的薄板焊件不需加工坡口和填充焊丝，可以利用自身的熔化形成接头，这样得到的焊缝表面实际上略有凹陷。焊接 6mm 以上的焊件时，通常需要加工坡口和填充焊丝。焊接厚度超过 10mm 的铝及铝合金，为了保障焊透，还需要预热（150~250℃）。

2. 工件和填充焊丝的焊前准备

氩气的惰性为获得高质量焊缝提供了良好条件。但是氩气不像还原性气体或者氧化性气体那样具有脱氧或去氢能力，因此 TIG 焊的焊前准备和 MIG 焊一样，对材料的表面质量要求很高，焊接时必须经过严格清理，清除填充焊丝及工件坡口和坡口两侧表面至少 20mm 范围内的油污、水、灰尘、氧化膜，否则在焊接过程中将影响电弧的稳定性，恶化焊缝成形，并可能导致气孔、夹杂、未熔合等缺陷。

3. 焊接参数的选择

TIG 焊的参数主要有焊接电流种类及极性、焊接电流、钨极直径及端部形状、保护气体流量等，对于自动钨极氩弧焊，其工艺参数还包括焊接速度等。合理地选择焊接工艺参数是获得优质焊接接头的重要保证。

（1）焊接电流　焊接电流是决定焊缝厚度的最主要工艺参数，要根据焊件材料、厚度、接头形式、焊接位置等因素来选取。一般先确定电流类型和极性，然后确定电流的大小。电流过大，容易造成焊缝咬边、焊穿等缺陷；电流过小，不易焊透。

焊接电流开始和结束时都采取缓升和缓降，即在焊接引弧时采用较小的电流引燃电弧，然后焊机自动按所设定的时间速率提升至所要使用的焊接电流值。这是为了减少钨极的过热与烧损，同时给焊接行走（动作开始）提供一个缓冲时间，也利于对电弧引燃后的初始状态进行观察。在焊接结束时，焊接电流按设定的时间速率下降，最后熄灭，这主要使电弧下方的熔池凹陷区有一个金属回填过程，防止大电流熄弧时在焊缝上形成弧坑，同时在封闭形焊缝焊接时，使焊缝的最后连接部位不致产生过量熔化。

（2）电弧电压　电弧电压主要影响焊缝宽度，由电弧长度决定。电弧拉长，电压升高，钨极与母材距离变大，会使电弧对母材的熔透能力降低，也会增加对焊接保护的难度，引起钨极的异常烧损，并在焊缝中易产生气孔；电弧缩短，电压降低，钨极过于接近母材，容易使钨极与熔池接触造成断弧，或在焊缝中出现夹钨缺陷。

(3) 焊接速度 焊接速度决定了单位长度焊缝的热输入，速度越大，热输入越小，焊缝厚度和宽度都减小，甚至会出现未焊透、气孔、杂质和裂纹，还会削弱气体保护效果；焊接速度越小，热输入越大，焊缝厚度和深度都变大，易出现咬边和烧穿的缺陷。焊接速度的选择主要由工件厚度决定并和焊接电流、预热温度等配合，以保证获得所需的熔深和熔宽。

(4) 焊丝直径与填丝速度 焊丝直径与焊接板厚及接头间隙有关。当板厚及接头间隙大时，焊丝直径应选大一些。焊丝直径选择不当可能造成焊缝成形不好，焊接余高过高，或未焊透等缺陷。

焊丝的送丝速度则与焊丝的直径、焊接电流、焊接速度和接头间隙等因素有关。一般焊丝直径大时送丝速度慢；焊接电流、焊接速度和接头间隙大时，送丝速度快。送丝速度选择不当，可能造成焊缝出现未焊透、烧穿、焊缝凹陷、焊缝余高太高、成形不光滑等缺陷。

(5) 钨极直径与端部形状 钨极直径的选择取决于焊接电流大小、工件厚度、电流种类和极性，是一个重要工艺参数。根据所用焊接电流的种类，选用不同的端部形状。尖端角度 α 的大小会影响钨极的许用电流、引弧及稳弧性能。小电流焊接时，选用小直径钨极和小的锥角，可使电弧容易引燃和稳定；大电流焊接时，增大锥角可避免尖端过热熔化、减少损耗，并防止电弧往上扩展而影响阴极斑点的稳定性。

钨极尖端角度对焊缝熔深和熔宽也有一定影响。减小锥角，焊缝熔深减小，熔宽增大，反之则熔深增大、熔宽减小。

(6) 气体流量和喷嘴直径 气体流量和喷嘴直径必须相匹配，此时，气体保护效果最佳，有效保护区最大。气体流量过低，不利于排除周围的空气，保护效果不佳；气体流量太大，容易变成湍流，卷入空气，也会降低保护效果。同样，在流量一定时，喷嘴直径过小，保护范围小，且因气流速度过快而形成湍流；喷嘴直径过大，不仅妨碍焊工视线，而且气流流速过慢，保护效果不好。所以，气体流量和喷嘴直径要有一定的配合。

(7) 喷嘴与工件的距离 喷嘴与工件的距离越大，气体保护效果越差；距离越小，越不便于观察焊接过程，且容易使钨极与熔池接触而短路，产生夹钨。一般喷嘴端部与工件的距离保持在 7~14mm。

(8) 钨极伸出长度 钨极伸出长度是从喷嘴端部伸出的距离，它对焊接保护效果及操作性均有影响。该长度应根据接头的形状确定，并对气体流量做适当的调整。

通常钨极伸出长度主要取决于焊接接头的外形。内角焊缝要求钨极伸出长度最长，这样电极才能达到该接头的根部，并能较多地看到焊接熔池。卷边焊缝只需要很短的钨极伸出长度，甚至可以不伸出。常规的钨极伸出长度一般为 1~2 倍钨极直径。在短弧焊时，其伸出长度通常比常规的大些，以便为焊工提供更好的视野，并有助于控制弧长。但是，外伸过长，为了维持良好的保护状态，势必要加大保护气体流量。此外，由于钨极本身有电阻热，钨极伸出过长，使电极最大允许电流值降低。

实际焊接时，确定各焊接参数的顺序是：根据焊接材料的种类、厚度和结构先确定焊接电流、电弧电压，然后确定钨极的种类和直径，再选定焊枪喷嘴直径和保护气体流量，最后确定焊接速度。在施焊的过程中根据施焊情况对钨极伸出长度、焊枪与焊件的相对位置做出调整。

第5章　其他焊接方法及切割方法

5.1　等离子弧焊与切割

5.1.1　等离子弧焊的原理及特点

1. 等离子弧

目前，焊接领域中应用的等离子弧实际上是一种压缩电弧，是由钨极气体保护电弧发展而来的。钨极气体保护电弧常被称为自由电弧，它燃烧于惰性气体保护下的钨极与焊件之间，其周围没有约束，当电弧电流增大时，弧柱直径也伴随增大，两者不能独立地进行调节，因此自由电弧弧柱的电流密度、温度和能量密度的增大均受到一定限制。实验证明，借助水冷铜喷嘴的外部拘束作用，使弧柱的横截面受到限制而不能自由扩大时，就可使电弧的温度、能量密度和等离子体流速都显著增大。这种用外部拘束作用使弧柱受到压缩的电弧就是通常所称的等离子弧。等离子弧的产生原理如图5-1所示，即先通过高频振荡器激发气体电离形成电弧，然后在压缩效应的作用下，形成等离子弧。

2. 等离子弧的形成

目前广泛采用的压缩电弧的方法是将钨极缩入喷嘴内部，并且在水冷喷嘴中通以一定压力和流量的离子气，强迫电弧通过喷嘴孔道，以形成高温、高能量密度的等离子弧。此时电弧受到下述三种压缩作用：

（1）机械压缩效应　当把一个用水冷却的铜制喷嘴放置在其通道上，强迫这个"自由电弧"从细小的喷嘴孔中通过时，弧柱直径受到小孔直径的机械约束而不能自由扩大，而使电弧截面受到压缩。这种作用称为"机械压缩效应"。

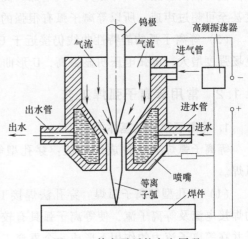

图 5-1　等离子弧的产生原理

（2）热收缩效应　水冷铜喷嘴的导热性很好，紧贴喷嘴孔道壁的"边界层"，气体温度很低，电离度和导电性均降低。这就迫使带电粒子向温度更高、导电性更好的弧柱中心区集中，相当于外围的冷气流层迫使弧柱进一步收缩。这种作用称为"热收缩效应"。

（3）电磁收缩效应　这是由通电导体间相互吸引产生的收缩作用。弧柱中带电的粒子流可被看成是无数条相互平行且通以同向电流的导体。在自身磁场作用下，产生相互吸引力，使导体相互靠近。导体间的距离越小，吸引力越大。这种导体自身磁场引起的收缩作用使弧柱进一步变细，电流密度与能量密度进一步增加。

电弧在三种压缩效应的作用下，直径变小，温度升高，气体的离子化程度提高，能量密度增大。最后与电弧的热扩散作用相平衡，形成稳定的压缩电弧。这就是工业中应用的等离子弧。作为热源，等离子弧获得了广泛的应用，可进行等离子弧焊接、等离子弧切割、等离子弧堆焊、等离子弧喷涂、等离子弧冶金等。

在上述三种压缩效应中，喷嘴孔径的机械压缩效应是前提；热收缩效应则是电弧被压缩的最主要的原因；电磁收缩效应是必然存在的，它对电弧的压缩也起到一定作用。

3. 等离子弧的特点

（1）温度高、能量高度集中　等离子弧的导电性好，承受的电流密度大，因此温度极高（弧柱中心温度为 18000~24000K），并且截面很小，能量密度高度集中。

（2）电弧挺度好、燃烧稳定　自由电弧的扩散角度约为 45°，而等离子弧由于电离程度高，放电过程稳定，在"压缩效应"的作用下，其扩散角仅为 5°，故电弧挺度好，燃烧稳定。

（3）等离子弧的能量分布均衡　等离子弧由于弧柱被压缩，横截面减小，弧柱电场强度明显提高，因此等离子弧的最大压降是在弧柱区，加热金属时利用的主要是弧柱区的热功率，即利用弧柱等离子体的热能。所以说，等离子弧几乎在整个弧长上都呈高温状态。这一点和钨极氩弧是明显不同的。

（4）具有很强的机械冲刷力　等离子弧发生装置内通入的常温压缩气体，由于受到电弧高温加热而膨胀，气体压力大大增加。高压气流通过喷嘴细通道喷出时，可达到很高的速度甚至可超过声速，所以等离子弧有很强的机械冲刷力。

（5）等离子弧的静特性曲线仍接近于 U 形　由于弧柱的横截面受到限制，等离子弧的电场强度增大，电弧电压明显提高，U 形曲线上移且其平直区域明显减小。

5.1.2　常用等离子弧焊工艺

1. 等离子弧焊的基本方法

等离子弧焊有三种成形方法：穿孔型等离子弧焊、熔入型等离子弧焊及微束等离子弧焊。

（1）穿孔型等离子弧焊　穿孔法焊接工艺通常采用强流等离子弧焊机。通过选择较大的焊接电流及等离子流，使等离子弧具有较大的能量密度及等离子流力，将焊接工件完全熔透并在等离子流力的作用下形成一个贯穿工件的小孔，而熔化金属被排挤在小孔周围。随着等离子弧在焊接方向移动，熔化金属沿电弧周围熔池壁向熔池后方移动并结晶成焊缝，而小孔随着等离子弧向前移动。这种小孔焊接工艺特别适用于单面焊双面成形，并且也只能进行单面焊双面成形。焊接较薄的工件（厚度限值见表 5-1）时，可不开坡口、不加垫板、不加填充金属，一次实现双面成形。

小孔的产生依赖于等离子弧的能量密度，板厚越大，要求的能量密度越大。由于等离子弧的能量密度是有限的，因此，穿孔型等离子弧焊的焊接厚度也是有限的。对于厚度更大的板材，穿孔型等离子弧焊只能进行第一道焊缝的焊接。

表 5-1　穿孔型等离子弧焊的焊接厚度限值

材料	不锈钢	钛及钛合金	镍及镍合金	低合金钢	低碳钢
焊接厚度限值/mm	8	12	6	7	8

（2）熔入型等离子弧焊　采用较小的等离子弧焊接时，电弧的等离子流力减小，电弧的穿透能力降低，只能熔化工件，形不成小孔，焊缝成形过程与 TIG 焊相似。这种方法称为熔入型等离子弧焊接，适用于薄板、多层焊的盖面焊及角焊缝的焊接。

（3）微束等离子弧焊　微束等离子弧焊是一种小电流（通常小于 30A）熔入型焊接工艺，为了保持小电流电弧的稳定，一般采用小孔径压缩喷嘴（0.6~1.2mm）及联合型电弧。焊接时存在两个电弧，一个是燃烧于电极与喷嘴之间的非转移弧，另一个为燃烧于电极与焊件间的转移弧。前者起着引弧和稳弧的作用，使转移弧在电流小至 0.5A 时仍非常稳定；后者用于熔化工件。与钨极氩弧焊相比，微束等离子弧焊的优点是：

1）可焊更薄的金属，最小可焊厚度为 0.01mm。

2）弧长在很大的范围内变化时，也不会断弧，并且电弧保持柱状。

3）焊接速度快，焊缝窄，热影响区小，焊接变形小。

2. 等离子弧焊的工艺特点

1）由于等离子弧的温度高、能量密度大，因此等离子弧焊熔透能力强，可用比钨极氩弧焊高得多的焊接速度施焊。这不仅提高了焊接生产率，而且可减小熔宽、增大熔深，因而可减小热影响区宽度和焊接变形。

2）由于等离子弧的形态近似于圆柱形，挺度好，因此当弧长发生波动时，熔池表面的加热面积变化不大，对焊缝成形的影响较小，容易得到均匀的焊缝成形。

3）由于等离子弧的稳定性好，使用很小的焊接电流也能保证等离子弧的稳定，故可以焊接超薄件。

4）由于钨极内缩在喷嘴里面，焊接时钨极与焊件不接触，因此可减少钨极烧损和防止焊缝金属夹钨。

3. 等离子弧焊工艺与参数

（1）接头及坡口形式　用于等离子弧焊接的通用接头形式为 I 形对接接头、开单面 V 形和双面 V 形坡口的对接接头以及开单面 U 形和双面 U 形坡口的对接接头。除此之外，也可用角接接头和 T 形接头。

当板厚大于表 5-1 中的限值时，需要开 V 形或 U 形坡口，进行多层焊。与 TIG 焊相比，可采用较大的坡口角度及钝边。钝边的最大允许值等于穿孔法的最大焊接厚度。第一层用穿孔法进行焊接，其他各层用熔入法或其他焊接方法焊接。

（2）焊接参数的选择　等离子弧焊焊接时，焊透母材的方式主要有穿透焊和熔透焊（包括微束等离子弧焊）两种。在采用穿透型等离子弧焊时，焊接过程中确保小孔的稳定，是获得优质焊缝的前提。影响小孔稳定性的主要焊接参数有：

1）喷嘴孔径。喷嘴孔径直接决定等离子弧的压缩程度，是选择其他参数的前提。在焊接生产过程中，当焊件厚度增大时，焊接电流也应增大，但一定孔径的喷嘴其许用电流是有限制的。因此，一般应按焊件厚度和所需电流值确定喷嘴孔径。

2）焊接电流。焊接电流总是根据板厚或熔透要求来选定的。焊接电流增大，等离子弧穿透能力增大。但电流过大会引起双弧，损伤喷嘴并破坏焊接过程的稳定性，而且，熔池金属会因小孔直径过大而坠落。因此，在喷嘴结构确定后，为了获得稳定的小孔焊接过程，焊接电流只能在某一个合适的范围内选择，而且这个范围与离子气的流量有关。

3）离子气种类及流量。目前应用最广的离子气是氩气，适用于所有金属。为提高焊接生产效率和改善接头质量，针对不同金属可在氩气中加入其他气体。例如，焊接不锈钢和镍合金时，可在氩气中加入体积分数为5%～7.5%的氢气；焊接钛及钛合金时，可在氩气中加入体积分数为50%～75%的氦气。

当其他条件不变时，离子气流量增加，等离子弧的冲力和穿透能力都增大。因此，要实现稳定的穿孔法焊接过程，必须要有足够的离子气流量；但离子气流量太大时，会使等离子弧的冲力过大将熔池金属冲掉，同样无法实现穿透法焊接。

4）焊接速度。当其他条件不变时，提高焊接速度，则输入到焊缝的热量减少，在穿孔法焊接时，小孔直径将减小；如果焊速太高，则不能形成小孔，故不能实现穿透法焊接。焊接速度的确定，取决于焊接电流和离子气流量。

5）喷嘴高度。喷嘴端面至焊件表面的距离为喷嘴高度。生产实践证明喷嘴高度应保持在3～8mm较为合适。如果喷嘴高度过大，会增加等离子弧的热损失，使熔透能力减小，保护效果变差；但若喷嘴高度太小，则不便操作，喷嘴也易被飞溅物堵塞，还容易产生双弧现象。

6）保护气体成分及流量。保护气体流量应根据焊接电流及等离子气流量来选择。在一定的离子气流量下，保护气体流量太大会导致气流的紊乱，影响电弧稳定性和保护效果。而保护气体流量太小，保护效果也不好，因此，保护气体体流量应与等离子气流量保持适当的比例。

小孔型焊接保护气体流量一般在15～30L/min范围内。大电流等离子弧焊常用等离子气及保护气体见表5-2，小电流等离子弧焊时常采用的保护气体（等离子气为氩气）见表5-3。

表 5-2　大电流等离子弧焊常用等离子气及保护气体

金属	厚度/mm	焊接技术	
		穿孔法	熔透法
碳钢 （铝镇静钢）	<3.2	Ar	Ar
	>3.2	Ar	25%Ar+75%He
低合金钢	<3.2	Ar	Ar
	>3.2	Ar	25%Ar+75%He
不锈钢	<3.2	Ar 或 92.5%Ar+7.5%H$_2$	Ar
	>3.2	Ar 或 95%Ar+5%H$_2$	25%Ar+75%He
铜	<2.4	Ar	He 或 25%Ar+75%He
	>2.4	不推荐[①]	He
镍合金	<3.2	Ar 或 92.5%Ar+7.5%H$_2$	Ar
	>3.2	Ar 或 95%Ar+5%H$_2$	25%Ar+75%He
活性金属	<6.4	Ar	Ar
	>6.4	Ar+（50%～70%）He	25%Ar+75%He

注：表中百分数均指体积分数。

① 由于底部焊道成形不良，这种技术只能用于铜锌合金。

表 5-3　小电流等离子弧焊时常采用的保护气体（等离子气为氩气）

金属	厚度/mm	焊接技术	
		穿孔法	熔透法
铝	<1.6	不推荐	Ar 或 He
	>1.6	He	He
碳钢（铝镇静钢）	<1.6	不推荐	Ar 或 75%Ar+25%He
	>1.6	Ar 或 25%Ar+75%He	Ar 或 25%Ar+75%He
低合金钢	<1.6	不推荐	Ar,He 或 Ar+(1%~5%)H_2
	>1.6	25%Ar+75%He 或 Ar+(1%~5%)H_2	Ar,He 或 Ar+(1%~5%)H_2
不锈钢	所有厚度	Ar,25%Ar+75%He 或 Ar+(1%~5%)H_2	Ar,He 或 Ar+(1%~5%)H_2
铜	<1.6	不推荐	75%Ar+25%He 或 He 或 75%H_2+25%Ar
	>1.6	He 或 25%Ar+75%He	He
镍合金	所有厚度	Ar,25%Ar+75%He 或 Ar+(1%~5%)H_2	Ar,He 或 Ar+(1%~5%)H_2
活性金属	<1.6	Ar,He 或 25%Ar+75%He	Ar
	>1.6	Ar,He 或 25%Ar+75%He	Ar 或 25%Ar+75%He

注：表中百分数均指体积分数。

5.1.3　等离子弧切割的原理及特点

1. 等离子弧切割原理

等离子弧切割是利用等离子弧的热能实现切割的方法，国际统称为 PAC（Plasma Arc Cutting）。它与氧乙炔切割有本质上的区别。氧乙炔切割主要是靠氧与部分金属的化合燃烧和氧气流的吹力，使燃烧的金属氧化物熔渣脱离基体而形成切口，而等离子弧切割过程不是依靠氧化反应，而是以高温、高速的等离子弧为热源，将被切割件局部熔化，并利用压缩的高速气流的机械冲刷力，将已熔化的金属或非金属吹走而形成狭窄切口的过程。因此氧乙炔切割不能切割熔点高、导热性好、氧化物熔点高和黏滞性大的材料。等离子弧的温度高（可达 50000K），目前所有金属材料及非金属材料都能被等离子弧熔化，因而等离子弧切割的适用范围比氧乙炔切割要大得多。

等离子弧切割使用的工作气体是氮、氩、氢以及它们的混合气体。由于氮气价格低廉，故常用的是氮气，且氮气纯度不低于 99.5%。此外，在碳素钢和低合金钢切割中，常使用压缩空气作为工作气体。

2. 等离子弧切割特点

（1）等离子弧切割的优点

1）切割速度快，生产率高。在目前采用的各种切割方法中，等离子切割的速度比较快，生产率也比较高。例如，切 10mm 的铝板，速度可达 200~300m/h；切 12mm 厚的不锈钢，速度可达 100~130m/h。

2）切口质量好。等离子弧切割切口窄而平整，产生的热影响区和变形都比较小，特别是切割不锈钢时能很快通过敏化温度区间，故不会降低切口处金属的耐蚀性能；切割淬火倾向较大的钢材时，虽然切口处金属的硬度也会升高，甚至会出现裂纹，但由于淬硬层的深度非常小，通过焊接过程可以消除，所以以切割边可直接用于装配焊接。

3）应用面广。由于等离子弧的温度高、能量集中，所以能切割各种金属材料，如不锈钢、铸铁、铝、镁和铜等，切割不锈钢、铝等厚度可达 200mm 以上。在使用非转移性等离子弧时，还能切割非金属材料，如石块、耐火砖和水泥块等。

（2）等离子弧切割的缺点　设备比氧乙炔切割复杂、投资较大；电源的空载电压较高，要注意安全；切割时产生的气体会影响人体健康，操作时应注意通风。此外，还必须注意防弧光辐射、防噪声、防高频等。

5.1.4　等离子弧切割工艺参数

1. 切割工艺参数的选择

等离子弧切割工艺参数较多，主要有空载电压、切割电流和切割电压、切割速度、离子气的种类和流量、喷嘴孔径和喷嘴高度等。各种参数对切割过程的稳定性和切割质量均有不同程度的影响，切割时必须依据切割材料种类、工件厚度和具体要求来选择。

（1）空载电压　等离子弧切割要求电源有较高的空载电压（一般不低于 150V），这是因为空载电压低将使切割电压的提高受到限制，不利于厚件的切割。

（2）切割电流和切割电压　切割电流和切割电压是决定切割电弧功率的两个重要参数。切割电流 I 应根据选用的喷嘴孔径 d 的大小而定，其相互关系大致为 $I=(30\sim100)d$。

（3）切割速度　切割速度应根据等离子弧功率、工件厚度和材质来确定。在切割功率相同的情况下，由于铝的熔点低，切割速度应快些；钢的熔点较高，切割速度应较慢；铜的导热性好，散热快，故切割速度应更慢些。

（4）离子气的种类和流量　等离子弧切割时，气体的作用是压缩电弧，防止钨极氧化，吹掉割缝中的熔化金属，保护喷嘴不被烧坏。离子气的种类和流量对上述作用有直接影响，从而影响切割质量。一般切割厚度在 100mm 以下的不锈钢、铝等材料时，可以使用纯氮气或适当加些氩气，既经济又能保证切割质量；当使用 Ar+35%H_2（指体积分数）的混合气体时，由于 H_2 的比焓大，热导率高，对电弧的压缩作用更强，气体喷出时速度极高，电弧吹力大，有利于切口熔化金属的去除，所以切割效果更佳。一般用于切割厚度大于 100mm 的板材。

（5）喷嘴孔径　喷嘴孔径的大小应根据切割工件厚度和选用的离子气种类确定。切割厚度较大时，要求喷嘴孔径也要相应增大；使用 Ar+H_2 的混合气体时，喷嘴孔径可适当小一些，使用 N_2 时应大一些。

（6）喷嘴高度　喷嘴端面至工件表面的距离为喷嘴高度。随着喷嘴高度的增大，等离子弧的切割电压提高，功率增大。喷嘴高度一般为 6~7mm。

2. 提高切割质量的途径

良好的切割质量应该是切口面光洁，切口窄，切口上部呈直角，无熔化圆角，切口下部无毛刺（熔瘤）。为实现上述质量要求，应注意以下几点：

1）切口宽度和平直度。

2）切口毛刺的消除。

3）避免产生双弧。在等离子弧切割过程中，为保证切割质量，必须防止产生双弧现象。因为一旦产生双弧，一方面使主弧电流减小，即主弧功率减小，导致切割参数不稳，切口质量下降；另一方面喷嘴成为导体而易被烧坏，影响切割过程，同样会降低切口质量，甚至使切割无法进行。所以在进行等离子弧切割时，必须设法防止产生双弧。避免产生双弧的措施与等离子弧焊接类似。

4）大厚度工件的切割。为保证大厚度工件的切口质量，应采取下列工艺措施：

① 适当提高切割功率。

② 适当增大离子气流量。

③ 采用电流递增或分级转弧。

5.2　激光焊接与切割

5.2.1　激光产生机理及特点

1. 激光的产生

从物理学可知，微观粒子都具有特定的一套能级（通常这些能级是分离的）。任一时刻粒子只能处在与某一能级相对应的状态（或者简单地表述为处在某一个能级上）。与光子相互作用时，粒子从一个能级跃迁到另一个能级，并相应地吸收或辐射光子。光子的能量值为此两能级的能量差 ΔE，频率为 $\Delta E/h$（h 为普朗克常量）。

（1）自发辐射　粒子受到激发而进入的高能态，不是粒子的稳定状态，如存在着可以接纳粒子的较低能级，即使没有外界作用，粒子也有一定的机会，自发地从高能级（E_2）向低能级（E_1）跃迁，同时辐射出能量为（E_2-E_1）的光子，光子频率 = （E_2-E_1）$/h$。这种辐射过程称为自发辐射，如图 5-2 所示。众多原子以自发辐射发出的光，不具有相位、偏振态、传播方向上的一致，是物理上所说的非相干光。

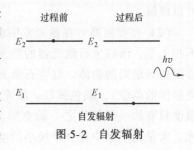

图 5-2　自发辐射

（2）受激吸收（简称吸收）　处于较低能级的粒子在受到外界的激发（即与其他的粒子发生了有能量交换的相互作用，如与光子发生非弹性碰撞），吸收了能量时，跃迁到与此能量相对应的较高能级，这种跃迁称为受激吸收，如图 5-3 所示。

（3）受激辐射、激光　1917 年爱因斯坦从理论上指出：除自发辐射外，处于高能级 E_2 上的粒子还可以另一种方式跃迁到较低能级。他指出当频率为（E_2-E_1）$/h$ 的光子入射时，也会引发粒子迅速地从能级 E_2 跃迁到能级 E_1，同时辐射一个与外来光子频率、相位、偏振态以及传播方向都相同的光子，这个过程称为受激辐射。

可以设想，如果大量原子处在高能级 E_2 上，当有一个频率为（E_2-E_1）$/h$ 的光子入射，从而激励 E_2 上的原子产生受激辐射，得到两个特征完全相同的光子，这两个光子再激励 E_2 能级上的原子，又使其产生受激辐射，可得到四个特征相同的光子，这意味着原来的光信号被放大了。这种在受

图 5-3　受激吸收

激辐射过程中产生并被放大的光就是激光。

2. 激光的特点

（1）能量密度极大　光子的能量是用 $E=hv$ 来计算的，其中 h 为普朗克常量，v 为频率。由此可知，频率越高，能量越高。激光频率范围为 $3.846\times10^{14}\sim7.895\times10^{14}Hz$。电磁波谱可大致分为：

1）无线电波。波长为 0.3m 到几千米，一般的电视和无线电广播的波段就是用这种波。

2）微波。波长为 $10^{-3}\sim0.3m$，这些波多用在雷达或其他通信系统。

3）红外线。波长为 $7.8\times10^{-7}\sim10^{-3}m$。

4）可见光。这是人们所能感光的极狭窄的一个波段，波长为 $380\sim780nm$。光是原子或分子内的电子运动状态改变时所发出的电磁波，是我们能够直接感受而察觉的电磁波极少的那一部分。

5）紫外线。波长为 $6\times10^{-10}\sim3\times10^{-7}m$。这些波产生的原因和可见光波类似，常常在放电时发出。由于它的能量和一般化学反应所牵涉的能量大小相当，因此紫外线的化学效应最强。

6）伦琴射线。这部分电磁波谱，波长为 $6\times10^{-12}\sim2\times10^{-9}m$。伦琴射线（X 射线）是原子的内层电子由一个能态跳至另一个能态时或电子在原子核电场内减速时所发出的。

7）伽马射线。它是波长为 $10^{-14}\sim10^{-10}m$ 的电磁波。这种不可见的电磁波是从原子核内发出来的，放射性物质或原子核反应中常有这种辐射伴随着发出。伽马（γ）射线的穿透力很强，对生物的破坏力很大。由此看来，激光能量并不算很大，但是它的能量密度很大（因为它的作用范围很小，一般只有一个点），短时间里聚集起大量的能量，用作武器也就可以理解了。

（2）亮度极高　在激光发明前，人工光源中高压脉冲氙灯的亮度最高，与太阳的亮度不相上下，而红宝石激光器的激光亮度，是氙灯的几百亿倍。因为激光的亮度极高，所以能够照亮远距离的物体。红宝石激光器发射的光束在月球上产生的照度约为 0.02lx（勒克斯，光照度的单位），颜色鲜红，激光光斑明显可见。若用功率最强的探照灯照射月球，产生的照度只有约一万亿分之一勒克斯，人眼根本无法察觉。激光亮度极高的主要原因是定向发光。大量光子集中在一个极小的空间范围内射出，能量密度自然极高。

（3）颜色极纯　光的颜色由光的波长（或频率）决定。一定的波长对应一定的颜色。太阳光的波长分布范围约在 $0.4\sim0.76\mu m$ 范围内，对应的颜色从红色到紫色共 7 种颜色，所以太阳光谈不上单色性。发射单种颜色光的光源称为单色光源，它发射的光波波长单一。比如氪灯、氦灯、氖灯、氢灯等都是单色光源，只发射某一种颜色的光。单色光源的光波波长虽然单一，但仍有一定的分布范围。如氪灯只发射红光，单色性很好，被誉为单色性之冠，波长分布的范围仍有 0.00001nm，因此氪灯发出的红光，若仔细辨认仍包含有几十种红色。由此可见，光辐射的波长分布区间越窄，单色性越好。

激光器输出的光，波长分布范围非常窄，因此颜色极纯。以输出红光的氦氖激光器为例，其光的波长分布范围可以窄到 $2\times10^{-9}nm$，是氪灯发射的红光波长分布范围的万分之二。由此可见，激光器的单色性远远超过任何一种单色光源。

（4）定向发光　普通光源是向四面八方发光的，要让发射的光朝一个方向传播，需要给光源装上一定的聚光装置，如汽车的前照灯和探照灯都是安装有聚光作用的反光镜，使辐射光汇集起来向一个方向射出。激光器发射的激光，天生就是朝一个方向射出，光束的发散

度极小，大约只有 0.001 弧度，接近平行。1962 年，人类第一次使用激光照射月球，地球
离月球的距离约 38 万 km，但激光在月球表面的光斑不到 2km。若以聚光效果很好，看似平
行的探照灯光柱射向月球，其光斑直径将覆盖整个月球。

激光是一种新能源，是比等离子弧更为集中的热源。激光可以用来焊接、切割、打孔
等。激光焊是以聚焦的激光束作为能源轰击焊件，利用所产生的热量进行焊接的方法，是当
今先进的制造技术之一。

5.2.2　激光焊接方法及设备

1. 激光焊接机理

激光焊接是激光材料加工技术应用的重要方向之一，又常称为激光焊机、激光焊机，按
其工作方式常可分为激光模具烧焊机（手动焊接机）、自动激光焊接机、激光点焊机、光纤
传输激光焊接机。激光焊接是利用高能量的激光脉冲对材料进行微小区域内的局部加热，激
光辐射的能量通过热传导向材料的内部扩散，将材料熔化后形成特定熔池，以达到焊接的
目的。

激光焊接如图 5-4 所示，激光器产生激光束，通过聚焦系统聚焦在焊件上，光能转化为
热能，使金属熔化形成焊接接头。激光焊接有点焊和缝焊两种。点焊采用脉冲激光器，主要
焊接 0.5mm 以下的金属薄板和金属丝，缝焊需用大功率 CO_2 连续激光器。

2. 激光焊接的主要特性

20 世纪 70 年代激光焊接主要用于焊
接薄壁材料和低速焊接，焊接过程属热
传导型，即激光辐射加热工件表面，表
面热量通过热传导向内部扩散，通过控
制激光脉冲的宽度、能量、峰值功率和
重复频率等参数，使工件熔化，形成特
定的熔池。由于其独特的优点，已成功
应用于微、小型零件的精密焊接中。

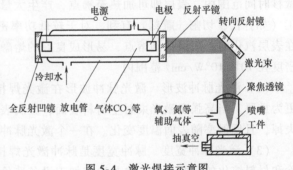

图 5-4　激光焊接示意图

高功率 CO_2 及高功率 YAG 激光器的
出现，开辟了激光焊接的新领域，发明了以小孔效应为理论基础的深熔焊接，在机械、汽
车、钢铁等工业领域获得了日益广泛的应用。

与其他焊接技术相比，激光焊接的主要优点是：

1）激光可通过光导纤维、棱镜等光学方法弯曲传输，适用于微型零部件及其他焊接方
法难以达到的部位的焊接，还能通过透明材料进行焊接。

2）能在室温或特殊条件下进行焊接，焊接设备装置简单。例如，激光通过电磁场，光
束不会偏移；激光在真空、空气及某种气体环境中均能施焊，并能通过玻璃或对光束透明的
材料进行焊接。

3）能量密度高，可实现高速焊接，热影响区和焊接变形都很小，特别适用于热敏感材
料的焊接。

4）激光不受电磁场的影响，不产生 X 射线，无须真空保护，可以用于大型结构的
焊接。

5）可直接焊接绝缘导体，而不必预先剥掉绝缘层；也能焊接物理性能差别较大的异种材料。

6）可焊接难熔材料（如钛、石英等），并能对异种材料施焊，效果良好。

7）可进行微型焊接。激光束经聚焦后可获得很小的光斑，且能精确定位，可应用于大批量自动化生产的微、小型工件的组焊中。

8）激光聚焦后，功率密度高，在高功率器件焊接时，深宽比可达 5∶1，最高可达10∶1。

9）可焊接难以接近的部位，施行非接触远距离焊接，具有很大的灵活性。尤其是近几年来，在 YAG 激光加工技术中采用了光纤传输技术，使激光焊接技术获得了更为广泛的推广和应用。

10）激光束易实现按时间与空间分光，能进行多光束同时加工及多工位加工，为更精密的焊接提供了条件。

激光焊的主要缺点是：设备昂贵，能量转化率低（5%～20%），对焊件接口加工、组装、定位要求均很高，目前主要用于电子工业和仪表工业中微型器件的焊接，以及硅钢片、镀锌钢板等的焊接。

3. 激光焊接的工艺参数

（1）功率密度　功率密度是激光加工中最关键的参数之一。采用较高的功率密度，在微秒时间范围内，表层即可加热至沸点，产生大量汽化。因此，高功率密度对于材料去除加工（如打孔、切割、雕刻）有利。对于较低功率密度，表层温度达到沸点需要经历数毫秒，在表层汽化前，底层达到熔点，易形成良好的熔融焊接。因此，在传导型激光焊接中，功率密度在 $10^4 \sim 10^6 \mathrm{W/cm^2}$ 范围内。

（2）激光脉冲波形　激光脉冲波形在激光焊接中是一个重要问题，尤其对于薄片焊接更为重要。当高强度激光束射至材料表面，金属表面将会有 60%～98% 的激光能量反射而损失掉，且反射率随表面温度变化。在一个激光脉冲作用期间内，金属反射率的变化很大。

（3）激光脉冲宽度　脉冲宽度是脉冲激光焊接的重要参数之一，它既是区别于材料去除和材料熔化的重要参数，也是决定加工设备造价及体积的关键参数。

4. 激光焊接工艺方法

（1）片与片间的焊接　包括对焊、端焊、中心穿透熔焊、中心穿孔熔焊四种工艺方法。

（2）丝与丝的焊接　包括丝与丝对焊、交叉焊、平行搭接焊和 T 形焊四种工艺方法。

（3）金属丝与块状元件的焊接　采用激光焊接可以成功地实现金属丝与块状元件的连接，块状元件的尺寸可以任意，在焊接中应注意丝状元件的几何尺寸。

（4）不同金属的焊接　焊接不同类型的金属要解决焊接性与可焊参数范围的问题。不同材料之间的激光焊接只有某些特定的材料组合才有可能实现。

5. 典型激光焊接方法及设备

（1）激光钎焊　有些元件的连接不宜采用激光熔焊，但可利用激光作为热源，施行软钎焊与硬钎焊，同样具有激光熔焊的优点。采用钎焊的方式有多种，其中，激光软钎焊主要用于印制电路板的焊接，尤其适用于片状元件组装技术。激光软钎焊与其他方式相比有以下优点：

1）由于是局部加热，元件不易产生热损伤，热影响区小，因此可在热敏元件附近施行软钎焊。

2）用非接触加热熔化带宽，不需要任何辅助工具，可在双面印制电路板上装备双面元件后加工。

3）重复操作稳定性好。焊剂对焊接工具污染小，且激光照射时间和输出功率易于控制，激光钎焊成品率高。

4）激光束易于实现分光，可用半透镜、反射镜、棱镜、扫描镜等光学元件进行时间与空间分割，能实现多点同时对称焊。

5）激光钎焊多用波长为 1.06μm 的激光作为热源，可用光纤传输，因此可在常规方式不易焊接的部位进行加工，灵活性好。

6）聚焦性好，易于实现多工位装置的自动化。

（2）激光深熔焊

1）冶金过程及工艺理论。激光深熔焊冶金物理过程与电子束焊极为相似，即能量转换机制是通过"小孔"结构来完成的。在足够高的功率密度光束照射下，材料产生蒸发形成小孔。这个充满蒸气的小孔犹如一个黑体，几乎全部吸收入射光线的能量，孔腔内平衡温度达 25000℃ 左右。热量从这个高温孔腔外壁传递出来，使包围着这个孔腔的金属熔化。小孔内充满在光束照射下壁体材料连续蒸发产生的高温蒸气，小孔四壁包围着熔融金属，液态金属四周围着固体材料。孔壁外液体流动和壁层表面张力与孔腔内连续产生的蒸气压力相持并保持着动态平衡。光束不断进入小孔，小孔外材料在连续流动，随着光束移动，小孔始终处于流动的稳定态。也就是说，小孔和围着孔壁的熔融金属随着前导光束前进速度向前移动，熔融金属填充着小孔移开后留下的空隙并随之冷凝，于是形成焊缝。

2）影响因素。对激光深熔焊产生影响的因素包括：激光功率，激光束直径，材料吸收率，焊接速度，保护气体，透镜焦距，焦点位置，激光束位置，焊接起始和终止点的激光功率渐升、渐降控制。

3）激光深熔焊的特征及优点。

特征：

① 高的深宽比。因为熔融金属围着圆柱形高温蒸气腔体形成并延伸向工件，焊缝就变得深而窄。

② 最小热输入。圆腔温度很高，熔化过程发生得极快，输入工件热量极低，热变形和热影响区很小。

③ 高的致密性。因为充满高温蒸气的小孔有利于熔池搅拌和气体逸出，导致生成无气孔熔透焊接。焊后高的冷却速度又易使焊缝组织微细化。

④ 强固焊缝。

⑤ 精确控制。

⑥ 非接触。

优点：

① 由于聚焦激光束比常规方法具有高得多的功率密度，导致焊接速度快，热影响区和变形都较小，还可以焊接钛、石英等难焊材料。

② 因为光束容易传输和控制，又不需要经常更换焊枪、喷嘴，显著减少了停机辅助时间，所以有效系数和生产效率都高。

③ 由于纯化作用和高的冷却速度，焊缝强度高，综合性能高。

④ 由于热输入低，加工精度高，可减少再加工费用。另外，激光焊接的运转费用也比较低，可以降低生产成本。

⑤ 容易实现自动化，对光束强度与精细定位能进行有效的控制。

4）激光深熔焊设备。激光深熔焊通常选用连续波 CO_2 激光器，这类激光器能维持足够高的输出功率，产生"小孔"效应，熔透整个工件截面，形成强韧的焊接接头。

就激光器本身而言，它只是一个能产生可作为热源、方向性好的平行光束的装置。如果使它有效射向工件，其输入功率就具有强的相容性，使之能更好地适应自动化过程。

为了有效实施焊接，激光器和其他一些必要的光学、机械以及控制部件一起组成一个大的焊接系统。这个系统包括激光器、光束传输组件、工件的装卸和移动装置，还有控制装置。这个系统可以是仅由操作者简单地手工搬运和固定工件，也可以是工件能自动地装卸、固定、焊接、检验。这个系统设计和实施的总要求是可获得满意的焊接质量和高的生产效率。

5.2.3　激光切割主要方法及工艺

1. 激光切割机理

激光切割是利用高功率密度的激光束扫描材料表面，在极短时间内将材料加热到几千至上万摄氏度，使材料熔化或汽化，再用高压气体将熔化或汽化的物质从切缝中吹走，达到切割材料的目的。激光切割的主要方法有：汽化切割、氧化熔化切割、熔化切割及控制断裂切割。

（1）汽化切割　在高功率密度激光束的加热下，材料表面温度升至沸点温度的速度是如此之快，足以避免热传导造成的熔化，于是部分材料汽化成蒸气消失，部分材料作为喷出物从切缝底部被辅助气流吹走。一些不能熔化的材料，如木材、碳素材料和某些塑料就是通过这种汽化切割方法切割成形的。

汽化切割过程中，蒸气随身带走熔化质点和冲刷碎屑，形成孔洞。汽化过程中，大约 40% 的材料化作蒸气消失，而有 60% 的材料是以熔滴的形式被气流驱除的。

（2）氧化熔化切割　熔化切割一般使用惰性气体，如果代之以氧气或其他活性气体，材料在激光束的照射下被点燃，与氧气发生激烈的化学反应而产生另一热源，称为氧化熔化切割。具体描述如下：

1）材料表面在激光束的照射下很快被加热到燃点温度，随之与氧气发生激烈的燃烧反应，放出大量热量。在此热量作用下，材料内部形成充满蒸气的小孔，而小孔的周围被熔融的金属壁所包围。

2）燃烧物质转化成熔渣控制氧和金属的燃烧速度，同时氧气扩散通过熔渣到达点火前沿的快慢也对燃烧速度有很大的影响。氧气流速越高，燃烧化学反应和去除熔渣的速度也越快。当然，氧气流速不是越高越好，因为流速过快会导致切缝出口处反应产物即金属氧化物的快速冷却，这对切割质量也是不利的。

3）显然，氧化熔化切割过程存在着两个热源，即激光照射能和氧与金属化学反应产生的热能。据估计，切割钢时，氧化反应放出的热量要占到切割所需全部能量的 60% 左右。很明显，与惰性气体比较，使用氧气作为辅助气体可获得较高的切割速度。

4）在拥有两个热源的氧化熔化切割过程中，如果氧的燃烧速度高于激光束的移动速度，割缝显得宽而粗糙。如果激光束移动的速度比氧的燃烧速度快，则所得切缝狭而光滑。

（3）熔化切割　当入射的激光束功率密度超过某一值后，光束照射点处材料内部开始蒸发，形成孔洞。一旦这种小孔形成，它将作为黑体吸收所有的入射光束能量。小孔被熔化金属壁所包围，然后，与光束同轴的辅助气流把孔洞周围的熔融材料带走。随着工件移动，小孔按切割方向同步横移形成一条切缝。激光束继续沿着这条缝的前沿照射，熔化材料持续或脉动地从缝内被吹走。

（4）控制断裂切割　对于容易受热破坏的脆性材料，通过激光束加热进行高速、可控的切断，称为控制断裂切割。这种切割的过程是：激光束加热脆性材料小块区域，引起该区域大的热梯度和严重的机械变形，导致材料形成裂缝。只要保持均衡的加热梯度，激光束可引导裂缝在任何需要的方向产生。

要注意的是，这种控制断裂切割不适合切割锐角和角边切缝。切割特大封闭外形也不容易获得成功。控制断裂切割速度快，不需要太高的功率，否则会引起工件表面熔化，破坏切缝边缘。其主要控制参数是激光功率和光斑尺寸大小。

2. 激光切割特点

激光切割的主要特点如下：

1）激光切割是一种高能量、密度可控性好的无接触加工。激光束聚焦后形成具有极强能量的很小作用点，把它应用于切割有许多优点。

首先，激光光能转换成惊人的热能保持在小的区域内，可提供狭小的直边割缝，因此邻近切边的热影响区很小，局部变形非常小。

其次，激光束对工件不施加任何力，是无接触切割工具，所有激光切割工件无机械变形，同时激光切割能力不受被切材料的硬度影响，任何硬度的材料都可以切割，切割材料无须考虑它的硬度。

再次，激光束可控性强，并有高的适应性和柔性，与自动化设备相结合很方便，容易实现切割过程自动化，并且由于不存在对切割工件的限制，激光束具有无限的仿形切割能力。

2）激光切割的切缝窄，工件变形小。激光束聚焦成很小的光点，使焦点处达到很高的功率密度，这时光束输入的热量远远超过被材料反射、传导或扩散的部分，材料很快加热至激化程度，蒸发形成孔洞。随着光束与材料相对线性移动，使孔洞连续形成宽度很窄的切缝。切边受热影响很小，基本没有工件变形。切割过程中还添加与被切材料相适合的辅助气体。钢切割时利用氧气作为辅助气体与熔融金属产生放热化学反应氧化材料，同时帮助吹走割缝内的熔渣。切割聚丙烯一类塑料使用压缩空气，切割棉、纸等易燃材料使用惰性气体。进入喷嘴的辅助气体还能冷却聚焦透镜，防止烟尘进入透镜座内污染镜片并导致镜片过热。大多数有机与无机材料都可以用激光切割。在工业制造系统占有很大分量的金属加工业，许多金属材料，不管它是什么样的硬度，都可以进行无变形切割。当然，对高反射率材料，如金、银、铜和铝合金，它们也是好的传热导体，因此采用激光切割很困难，甚至不能切割。激光切割无毛刺、皱折，精度高，优于等离子弧切割。对于许多机电制造行业来说，由于微机程序控制的现代激光切割系统能方便地切割不同形状与尺寸的工件，它往往比冲切、模压工艺更被优先选用；尽管它加工速度还慢于模冲，但它没有模具消耗，无须修理模具，还节约了更换模具的时间，从而节省了加工费用，降低了生产成本，所以从总体上考虑是更好的。

另外，从如何使模具适应工件设计尺寸和形状变化的角度看，激光切割也可发挥其精确、重现性好的优势。作为层叠模具的优先制造手段，模具会产生一个浅硬化层（热影响区），提高模具运行中的耐磨性。激光切割的无接触特点给圆锯片切割成形带来无应力优势，提高了锯片的使用寿命。

3）激光切割具有广泛的适应性和灵活性。与其他常规加工方法相比，激光切割具有更大的适应性。首先，与其他热切割方法相比，同样作为热切割过程，别的方法不能像激光束那样作用于一个极小的区域，结果导致切口宽、热影响区大和明显的工件变形。激光能切割非金属，而其他热切割方法不能。

3. 激光切割的工艺分析

（1）辅助切割路径的设置　零件轮廓以外的切割路径统称为辅助切割路径，精密加工时，设置辅助切割路径是保证零件外轮廓切割质量的一条很重要的工艺措施。激光切割最终是利用热能熔化和汽化板材达到切割的目的，所以如果出现散热不均匀而产生热量集中的现象，就可能降低加工精度，甚至烧坏零件，因此设置辅助切割路径是非常有必要的。辅助切割路径分为两类：一类是"切入、切出辅助路径"，即引入、引出线；另一类是"环形辅助路径"。

（2）打孔点位置的确定　激光切割要从一个起始点开始切割，这个点称为打孔点，具体来说打孔点就是指激光束开始一次完整的轮廓切割之前在板材上击穿的一个很小的孔，因为下面紧接着的切割就是从这一点开始，所以有时又称为"引弧孔"，也可以称为切割起始孔。对于没有精度要求或者要求不高的板材可以直接将打孔点设置在零件的切割轮廓上。由于打孔点的区域需要一段预热时间，从而在其周围形成热影响区，加上打孔点的直径比正常切缝大，因此打孔点的质量一般比线切割的质量差得多。如果将打孔点设置在零件轮廓上，就会大大影响零件加工的质量。所以对于精密加工，为了提高切割质量，保证精密加工，必须在切割路线的起点附近设置一个打孔点，也就是将打孔点设置在板材废域上，而不可以直接设置在零件轮廓上。

打孔点的合理设置对于零件的切割质量有很重要的影响，设置合理的打孔点距离零件切割路线起点的长短值也是很重要的。这是因为，激光切割的成本很高，如果这个值设置得很长，就会增加加工成本，同时也降低了加工效率；而脉冲激光从激光束产生到各项参数（如激光功率等）基本保持稳定需要一个过程，所以也不能将这个值设置得很短。另外，打孔参数和切割参数也是有区别的，切割参数在打孔情况下变成了打孔时间。打孔时间是打孔过程中一个很关键的参数，若打孔时间短，打不穿板材，若打孔时间长，又会使材料产生较大的熔损，因此这个参数的选取也要根据板材材质和厚度的不同，经过反复试验获得最佳的数据。

（3）激光束半径补偿和空行程处理　由于激光束存在发散，因此聚焦后不可能是一个几何点，而是一个具有一定直径的光斑。精密切割时必须对其进行半径的自动补偿。在实际的激光切割中，光斑直径一般为$100 \sim 500 \mu m$，自动补偿时激光束中心轨迹偏离理论轮廓一个光斑半径，并对偏移后的中心轨迹进行处理。

激光头喷嘴在切割板材时，为了确保激光束的焦点在板材上的位置不变，需要在喷嘴上附加一个随动装置，以保证激光的正常切割。这样就引发了一个问题，即当激光喷嘴的切割路径从已切割且落料后的区域中通过时，由于随动装置要保持激光束焦点的位置，则会出现激光头下落，导致加工受阻停止，严重的还会损坏激光头。因此，在激光切割排好样的板材时，零件与零件之间的过渡需要激光头喷嘴有一段空行程。为了防止空行程时激光头喷嘴下沉，损坏激光器，空行程应避开已经切掉的板材空间。

5.3　碳弧气刨

5.3.1　碳弧气刨的原理及特点

1. 碳弧气刨的原理

碳弧气刨是利用碳棒与工件间经通电后产生的电弧，使工件局部熔化，同时用压缩空气将熔化金属吹掉，从而在工件表面刨削出沟槽的金属表面加工方法，其工作原理如图 5-5 所示。

2. 碳弧气刨的特点

1）与风铲或砂轮加工沟槽相比，碳弧气刨效率高，噪声低，空间位置的可操作性强，劳动强度低。

2）碳弧气刨与气割的原理完全不一样，故而不但适用于低合金钢的气刨与切割，而且适用于高合金钢、有色金属及其合金的气刨与切割。

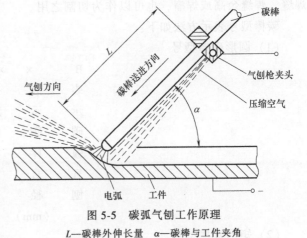

图 5-5　碳弧气刨工作原理
L—碳棒外伸长量　α—碳棒与工件夹角

3）在对封底焊进行碳弧气刨挑焊根时，易发现细小缺陷，并可以克服风铲由于位置狭窄而无法使用的缺点。

4）在清除焊缝或铸件缺陷时，在电弧下可清楚地观察到缺陷的形状和深度，有利于缺陷的根除，且刨削面光洁铮亮。

5）采用自动碳弧气刨时，刨槽的精度高，稳定性好，刨槽平滑均匀，刨削速度可达手工刨削速度的五倍，而且碳棒消耗量也少。

6）碳弧气刨也有一些缺点：如气刨时烟雾较大，噪声较大，粉尘污染和弧光辐射强，操作不当易引起槽道增碳，焊后焊缝中易产生气孔和裂纹。

碳弧气刨广泛应用于清理焊根，清除焊缝缺陷，开焊接坡口（特别是 U 形坡口），清理铸件的毛边、浇冒口及缺陷，还可用于切割无法用氧乙炔焰切割的各种金属材料。

5.3.2　碳弧气刨的设备

碳弧气刨设备由电源、气刨枪、碳棒、电缆气管和空气压缩机组成，如图 5-6 所示。

碳弧气刨一般采用具有陡降外特性的直流电源，由于使用电流较大，且连续工作时间较长，因此应选用功率较大的弧焊整流器和弧焊发电机，如 ZXG-500、AX-500 等。

碳弧气刨的工具是碳弧气刨枪，它有侧面送风式气刨枪和圆周式气刨枪两种。

碳弧气刨的电极材料一般采用镀铜实心碳棒，其断面形状有圆形和扁（矩）形，根据刨削要求选用。其中圆形碳棒应用最广。

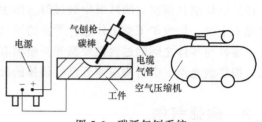

图 5-6　碳弧气刨系统

5.3.3　碳弧气刨与切割工艺

1. 碳棒

碳弧气刨用的碳棒又称碳焊条、碳电极或炭精棒。

碳棒有直流圆形碳棒、直流半圆形碳棒、直流圆形空心碳棒、直流矩形碳棒、直流连接式圆形碳棒及交流圆形有芯碳棒等形式（所有碳棒外层镀铜 0.3~0.4mm）。圆形碳棒主要用于焊缝清根、开坡口、清理焊缝缺陷等。矩形碳棒主要用于刨除焊件上残留的焊疤、临时焊缝、焊缝余高或焊瘤，也可以作为切割之用。

碳棒型号表示方法如下：

（1）圆形碳棒型号

B　　　　×　　　××

表　　　　表　　　表
示　　　　示　　　示
碳　　　　碳　　　碳
弧　　　　棒　　　棒
气　　　　直
刨　　　　径
　　　　　　　　　（mm）

（2）矩形碳棒型号

B　　　　×　　　××

表　　　　表　　　表
示　　　　示　　　示
碳　　　　碳　　　碳
棒　　　　棒　　　棒
厚　　　　宽
度　　　　度

在型号后面有的附加字母，其字母含义如下：

1）末尾带"K"，表示直流圆形空心碳棒。

2）末尾带"L"表示直流连接式圆形碳棒。

3）末尾带"J"，表示直流圆形有芯碳棒。

2. 碳弧气刨的工艺

碳弧气刨过程中，因急速加热和冷却以及局部的化学反应，在刨削表面及邻近区产生增碳现象和热影响区，引起组织和硬度的变化。

（1）碳弧气刨常见缺陷及防止措施

1）夹碳。刨削速度太快或碳棒送进过速，使碳棒头部触及铁液或未熔化的金属，电弧就会因短路而熄灭。由于温度很高，当碳棒再往前送或上提时，端部脱落并粘在未熔化金属上，产生"夹碳"缺陷。

发生夹碳后，在夹碳处电弧不能再引燃，这样就阻碍了碳弧气刨的继续进行。此外，夹碳外还形成一层硬脆且不容易清除的碳化铁（碳的质量分数达 6.7%）。这种缺陷必须注意防止和消除，否则焊后容易出现气孔和裂纹。清除的方法是在缺陷的前端引弧，将夹碳处连根一起刨除，或用角形磨光机磨掉。

2）粘渣。碳弧气刨操作时，吹出来的铁液叫"渣"，表面是一层氧化铁，内部是含碳量很高的金属。如果渣粘在刨槽的两侧，即产生粘渣。

粘渣主要是由于压缩空气压力小引起的，但刨槽速度与电流配合不当，刨削速度太慢也易粘渣，在采用大电流时更为明显。其次在倾角过小时也易粘渣。粘渣可采用风铲清除。

3）刨槽不正或深浅不均。碳棒歪向刨槽的一侧就会引起刨槽不正，碳棒运动时上下波动就会引起刨槽深浅不均，碳棒的角度变化同样能使刨槽的深度发生变化。刨槽前，注意碳棒与工件的相对位置，提高操作的熟练程度。

4）刨偏。刨削时往往由于碳棒偏离预定目标造成刨偏。碳弧气刨速度大约比电弧焊高 2~4 倍，技术不熟练就容易刨偏。刨偏与否和所用的气刨枪结构也有一定的关系。例如，采用带有长方槽的圆周送风式和侧面送风式气刨枪，均不易将渣吹到正前方，不妨碍刨削视线，因而减少了刨偏缺陷。

5）铜斑。采用表面镀铜的碳棒时，有时因镀铜质量不好，会使铜皮成块剥落，剥落的铜皮呈熔化状态，在刨槽的表面形成铜斑。在焊前用钢丝刷或砂轮机将铜斑清除，就可避免母材的局部渗铜。如不清除，铜渗入焊缝金属的量达到一定数值时，就会引起热裂纹。为避免产生这种缺陷，要选用镀层质量好的碳棒，采用合适的电流，并注意焊前用钢丝刷或砂轮机清理干净。

（2）碳弧气刨的热影响区组织和硬度 碳弧气刨过程中，热影响区的特性取决于被刨削金属的化学成分和显微组织。表 5-4 列出了一些典型钢种的热影响区宽度、组织和硬度的变化。随着钢中碳和合金元素含量的增多，热影响区宽度及显微硬度值增大。但是奥氏体钢未发生组织变化和硬度升高现象。

表 5-4 碳弧气刨对钢的热影响区宽度、组织和硬度的影响

材料	母材		热影响区		
	组织	显微硬度/MPa	宽度/mm	刨削金属表面组织	显微硬度/MPa
Q235	铁素体、珠光体	1274~1450	1.0	铁素体和珠光体	1519~2156
14Mn2	铁素体、珠光体	—	1.2	索氏体	
12CrNi3A	铁素体、珠光体	1470~2058	1.0~1.3	索氏体	4018~4606
20CrMoV	铁素体、珠光体	1421~1960	1.2	索氏体和托氏体	2940~4234
40Cr	铁素体、珠光体	1764~2156	0.9~1.5	托氏体和马氏体	4900~7840
1Cr17Ni2	马氏体、铁素体	4312~4707	1.5~1.9	马氏体、铁素体	4410~5880
1Cr17Ni13MoTi	奥氏体、碳化物	2156~2744	—	奥氏体、碳化物	1960~2744
08Cr20Ni10Mn6	奥氏体、碳化物	2254~2744	—	奥氏体、碳化物	2254~2744

（3）碳弧气刨槽道表层的增碳 碳弧气刨时，增碳主要发生在槽道表层。碳的质量分

数为 0.23% 的钢在厚 0.54~0.72mm 表面层中，碳的质量分数增至 0.3%，即仅增加 0.07%。而 18-8 型不锈钢槽道表面的增碳层厚度仅为 0.02~0.05mm，最厚处也不超过 0.11mm。表5-5 列出 18-8 型不锈钢碳弧气刨区碳的质量分数的分析结果。

表 5-5　18-8 型不锈钢碳弧气刨区碳的质量分数的分析结果

取样部位	$w(C)(\%)$	取样部位	$w(C)(\%)$
碳刨飞溅金属	1.3	距槽道表层 0.2~0.3mm 处	
槽道边缘粘渣	1.2	母材	0.070~0.075

离表面深 0.2~0.3mm 处的碳的质量分数同母材含量十分接近，但粘渣的质量分数高达1.2%。而且在刨削深槽或多层刨削时，也可能产生厚度达 0.2~0.3mm 的增碳层。

碳弧气刨加工的坡口或背面虽存在增碳的热影响区，但经过焊接后都被熔化，在焊缝中未发现增碳现象。其力学性能也与用机械加工的坡口相同，但是粘渣和炭灰等必须从槽道中清除。对于某些重要结构件，则需用砂轮去除厚 0.5~0.8mm 的表面层后才能施焊。

（4）碳弧气刨焊接接头的力学性能　用碳弧气刨消除焊缝的余高，对接头的强度没有影响，但是会使接头的延性降低，冷弯角低于 105°。用砂轮磨去厚 0.2~0.5mm 的表层后，延性可以恢复。碳弧气刨后的零件（除不锈钢零件）通过回火处理即可消除增碳层和热影响区的组织变化。表 5-6 列出碳弧气刨对 18-8 型不锈钢焊接接头耐晶间腐蚀性能的影响。

表 5-6　碳弧气刨对 18-8 型不锈钢焊接接头耐晶间腐蚀性能的影响

碳棒直径/mm	电流/A	空气压力/MPa	刨槽清理方法	腐蚀情况
5	180~210	294	不锈钢钢丝刷	合格
			砂轮打磨	
5	180~210	392	不锈钢钢丝刷	合格
			砂轮打磨	
5	180~210	490	不锈钢钢丝刷	合格
			砂轮打磨	
5	180~210	539	不锈钢钢丝刷	合格
			砂轮打磨	

注：1. 焊缝碳的质量分数为 0.04%。
　　2. 腐蚀情况的结果是指焊后状态试样的腐蚀试验结果。

3. 碳弧气刨的工艺参数

（1）碳棒直径　碳棒直径通常根据钢板的厚度选用，但也要考虑刨槽宽度的需要，一般直径应比所需的槽宽小 2~4mm。表 5-7 列出碳棒直径的选用与板厚的关系。

表 5-7　碳棒直径的选用与板厚的关系

板厚/mm	碳棒直径/mm	板厚/mm	碳棒直径/mm
4~6	4	10~15	7~10
6~8	5~6	>15	>10
8~10	6~7		

（2）电源极性　碳素钢和普通低合金钢碳弧气刨时，一般采用直流反接，即工件接负极，碳棒接正极，这样可以使电弧稳定。实验表明，普通低合金钢采用反极性碳弧气刨，其

熔化金属的碳的质量分数高达 1.44%，这是由于碳的正离子被吸引到工件表面，被阴离子还原成碳原子，熔入熔化的金属中。而正极性时碳的质量分数为 0.38%。碳含量较高的熔化金属，其流动性较好，凝固温度较低，因此反接时刨削过程稳定，电弧发出唰唰声，刨槽宽窄一致，光滑明亮。若极性接错，电弧不稳且发出断续的嘟嘟声。部分金属材料碳弧气刨时电源极性的选择要求见表 5-8。

表 5-8　部分金属材料碳弧气刨时电源极性的选择要求

材料	电源极性	备 注	材 料	电源极性	备 注
碳素钢	反接	正接时电弧不稳定，刨槽表面不光滑	铜及铜合金	正接	—
合金钢	反接		铝及铝合金	正接或反接	—
铸铁	正接	反接亦可，但操作性比正接差	锡及锡合金	正接或反接	—

（3）电流与碳棒直径　刨削电流根据碳棒规格和刨槽尺寸选用。电流与碳棒直径成正比关系，一般可参照下面的经验公式选择电流，即

$$I = (30 \sim 50)D$$

式中，I 为电流（A）；D 为碳棒直径（mm）。

对于一定直径的碳棒，如果电流较小，则电弧不稳，易产生夹碳缺陷；适当增大电流，可提高刨削速度，使刨槽表面光滑、宽度增大。在实际应用中，一般选用较大的电流，但电流过大时，碳棒头部过热而发红，镀铜层易脱落，碳棒烧损很快，甚至碳棒熔化滴入槽道内，使槽道严重渗碳。电流正常时，碳棒发红长度约为 25mm。碳棒直径的选择主要根据所需的刨槽宽度而定，碳棒直径越大，则刨槽越宽。一般碳棒直径应比所要求的刨槽宽度小 4mm。

（4）刨削速度　刨削速度对刨槽尺寸、表面质量和刨削过程的稳定性有一定的影响。刨削速度需与电流大小和刨槽深度（或碳棒与工件间的夹角）相匹配。刨削速度太快，易造成碳棒与金属接触，使碳凝结在刨槽的顶端，造成短路、电弧熄灭，形成夹碳缺陷。一般刨削速度为 0.5～1.2m/min。

（5）压缩空气压力　压缩空气的压力会直接影响刨削速度和刨槽表面质量。压力太小，熔化的金属吹不掉，刨削很难进行。压力低于 0.4MPa 时，不能进行刨削。当电流增大时，熔化金属也增加。当电流较小时，高的压缩空气压力易使电弧不稳，甚至熄弧。碳弧气刨常用的压缩空气压力为 0.4～0.6MPa。

压缩空气所含水分和油分都应清除，可在压缩空气的管道中加过滤装置，以保证刨削质量。

（6）碳棒的伸出长度　碳棒伸出长度指碳棒从碳棒枪钳口导电处至电弧始端的长度。手工碳弧气刨时，伸出长度大，压缩空气的喷嘴离电弧就远，电阻也增大，碳弧易发热，碳棒烧损也较大。并且造成风力不足，不能将熔渣顺利吹掉，碳棒也容易折断。一般外伸长为 80～100mm。随着碳棒烧损，碳棒的外伸长不断减小，当外伸长减少到 20～30mm 时，应将外伸长重新调整至 80～100mm。

（7）碳棒与工件间的夹角　碳棒与工件间的夹角 α 大小，主要会影响刨槽深度和刨削速度。夹角增大，则刨削深度增加，刨削速度减小。一般手工碳弧气刨的夹角以 45°～60° 为

宜。碳棒夹角与刨槽深度的关系见表 5-9。

表 5-9　碳棒夹角与刨槽深度的关系

碳棒夹角/(°)	25	35	40	45	50	85
刨槽深度/mm	2.5	3.0	4.0	5.0	6.0	7~8

（8）电弧长度　碳弧气刨操作时，电弧长度过长会引起电弧不稳，甚至会造成熄弧。操作时电弧长度以 1~2mm 为宜，并尽量保持短弧，这样可以提高生产效率，同时也可提高碳棒的利用率。但电弧太短时，容易引起"夹碳"缺陷。刨削过程中弧长变化应尽量小，以保证得到均匀的刨削尺寸。

（9）刨缝装配间隙　当板厚不大或施工条件有限，需先装配接头后刨削时，接头根部间隙应严格控制，否则刨削薄板易刨穿，刨较厚的板则熔渣氧化铁嵌入缝隙，不易去除，影响焊接质量。表 5-10 列出自动碳弧气刨的典型工艺参数。

表 5-10　自动碳弧气刨的典型工艺参数

碳棒直径/mm	电流/A	电弧电压/V	切割速度/(mm/min)	压缩空气/MPa	碳棒倾角/(°)	碳段伸出长度/mm	刨槽尺寸/mm 宽度	深度
φ6	280~300	40	1200	0.5~0.6	40	25	8.2~8.5	4~4.5
φ8	320~350	42	1400		35		12~12.4	5.3~5.7

第6章 异种金属焊接

6.1 异种金属焊接概述

6.1.1 异种金属的焊接性

异种金属焊接与同种金属焊接相比,一般较困难,它的焊接性主要由两种材料的物理性能、冶金相容性、表面状态等决定。

1. 物理性能的差异

各种金属间的物理性能、化学性能及力学性能差异,都会对异种金属之间的焊接产生影响,其中物理性能的差异影响最大。

当两种金属材料熔化温度相差较大时,熔化温度较高的金属的凝固和收缩,将会使处于薄弱状态的低熔化温度金属产生内应力而受损;线膨胀系数相差较大时,焊缝及母材冷却收缩不一致,则会产生较大的焊接残余应力和变形;电磁性相差较大时,则电弧不稳定,焊缝成形不佳甚至不能形成焊缝;热导率相差较大时,会影响焊接的热循环、结晶条件和接头质量。

2. 冶金相容性的差异

"冶金学上的相容性"是指晶格类型、晶格参数、原子半径和原子外层电子结构等的差异。两种金属材料在冶金学上是否相容,取决于它们在液态和固态的互溶性以及焊接过程中是否产生金属间化合物。两种在液态下互不相溶的金属或合金不能用熔焊的方法进行焊接,如铁与镁、铁与铅、纯铅与铜等,只有在液态和固态下都具有良好的互溶性的金属或合金(即固溶体),才能在熔焊时形成良好的接头;由于金属间化合物硬而脆,不能用于连接金属,如焊接过程中产生了金属间化合物,则焊缝塑性、韧性将明显下降,甚至完全不能使用。

3. 表面状态的差异

材料表面的氧化层、结晶表面层情况、吸附的氧离子和空气分子、水、油污、杂质等状态,都会直接影响异种金属的焊接性。

焊接异种金属时,会产生成分、组织、性能与母材不同的过渡层,而过渡层的性能会影响整个焊接接头的性能。一般情况下,增大熔合比,则会提高焊缝金属的稀释率,使过渡层更加明显;焊缝金属与母材的化学成分相差越大,熔池金属越不容易充分混合,过渡层越明显;熔池金属液态存在时间越长,则越容易混合均匀。因而,焊接异种金属时,为了保证接头的性能,必须采取措施控制过渡层。

6.1.2　异种金属焊接方法

1. 熔焊

熔焊是异种金属焊接中应用较多的焊接方法，常用的熔焊方法有焊条电弧焊、埋弧焊、气体保护焊、电渣焊、等离子弧焊、电子束焊和激光焊等。对于相互溶解度有限、物理化学性能差别较大的异种材料，由于熔焊时的相互扩散会导致接头部位的化学和金相组织不均匀或生成金属间化合物，因而应降低稀释率，尽量采用小电流、高速焊。异种金属熔焊的焊接性如图 6-1 所示。

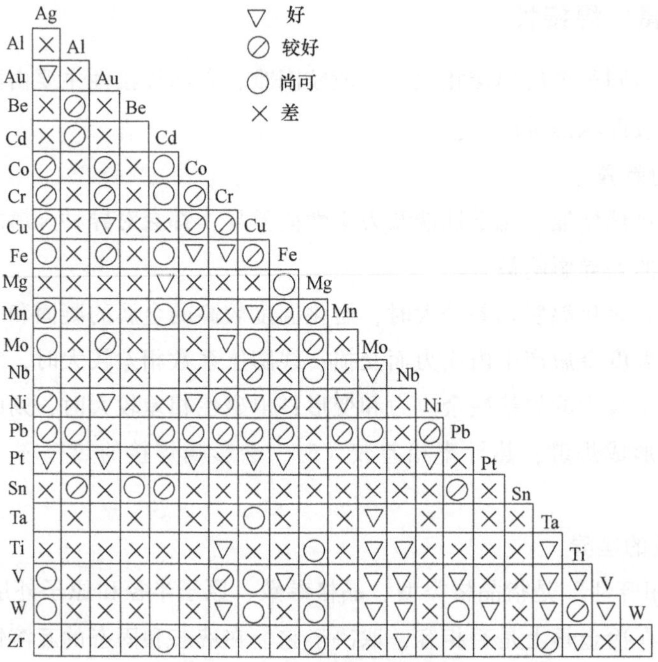

图 6-1　异种金属熔焊的焊接性

2. 压焊

焊接异种金属常用的压焊方法有电阻焊、冷压焊、扩散焊和摩擦焊等。由于压焊时基体金属几乎不熔化，稀释率小，两种金属仍以固相结合形式形成接头，因而非常适合于异种金属间的焊接。

3. 钎焊

钎焊时，两母材不熔化，只熔化温度较低的钎料，因而几乎不存在稀释问题，是异种焊接最常用的方法之一。

本章中所有材料的焊接工艺都以熔焊为主，不介绍压焊和钎焊。

6.1.3　异种金属焊接的组合类型

异种金属的组合在工程应用中多种多样，最常用的组合有三种情况，即异种钢的焊接、异种有色金属的焊接、钢与有色金属的焊接。常见异种金属材料的组合、焊接方法及焊缝中的形成物见表 6-1。

表 6-1　常见异种金属材料的组合、焊接方法及焊缝中的形成物

被焊金属	焊接方法		焊缝中的形成物	
	熔焊	压焊	溶液	金属间化合物
钢+Al 及 Al 合金	电子束焊、氩弧焊	冷压焊、电阻焊、扩散焊、摩擦焊、爆炸焊	在 α-Fe 中 $w(Al) = 0 \sim 33\%$	$FeAl, Fe_2Al_3,$ Fe_2Al_7
钢+ Cu 及 Cu 合金	氩弧焊、埋弧焊、电子束焊、等离子弧焊、电渣焊	摩擦焊、爆炸焊	在 γ-Fe 中 $w(Cu) = 0 \sim 8\%$ 在 α-Fe 中 $w(Cu) = 0 \sim 14\%$	—
钢+Ti	电子束焊、氩弧焊	扩散焊、爆炸焊	在 α-Ti 中 $w(Fe) = 0.5\%$ 在 β-Ti 中 $w(Cu) = 0 \sim 25\%$	$FeTi, Fe_3Ti$
Al+Cu	氩弧焊、埋弧焊	冷压焊、电阻焊、爆炸焊、扩散焊	在 Cu 中 $w(Al) = 9.8\%$ 以下	$CuAl_2$
Al+Ti		扩散焊、摩擦焊	在 α-Ti 中 $w(Al) = 6\%$ 以下	$TiAl, TiAl_3$
Ti+Cu	电子束焊、氩弧焊		在 α-Ti 中 $w(Cu) = 2.1\%$，在 β-Ti 中 $w(Cu) = 17\%$ 以下	$Ti_2Cu, TiCu, Ti_2Cu_3,$ $TiCu_2, TiCu_3$

6.2　异种钢的焊接

6.2.1　异种钢焊接的种类

异种钢的焊接主要有金相组织相同的异种钢的焊接和金相组织不同的异种钢的焊接两大类。常见的有下列几种组合方式：

1）不同珠光体钢的焊接。

2）不同铁素体钢、铁素体-马氏体钢的焊接。

3）不同奥氏体钢、奥氏体-铁素体钢的焊接。

4）珠光体钢与铁素体钢、铁素体-马氏体钢的焊接。

5）珠光体钢与奥氏体钢、奥氏体-铁素体钢的焊接。

6）铁素体钢、铁素体-马氏体钢与奥氏体钢、奥氏体-铁素体钢的焊接。

7）铸铁与钢、复合钢的焊接。

本节主要介绍不锈复合钢、珠光体钢与奥氏体钢的焊接。

6.2.2　不锈复合钢的焊接

不锈复合钢板是由较薄的不锈钢为覆层（约占总厚度的 10% ~ 20%）、较厚的珠光体钢为基层复合而成的，因而属于异种钢的焊接问题。

1. 焊接特点

不锈复合钢焊接时除了要保证钢材的力学性能外，还要保证复合钢板接头的综合性能。

一般情况下分基层和覆层的焊接，焊接时的主要问题是基层与覆层交接处的过渡层焊接。常见的有以下两方面问题：

（1）过渡层异种钢的混合问题　当焊接材料与焊接工艺不恰当时，不锈钢焊缝可能严重稀释，形成马氏体淬硬组织，或由于铬、镍等元素大量渗入珠光体基层而严重脆化，产生裂纹。因此，焊接过渡层时，应使用含铬、镍较多的焊接材料，保证焊缝金属含一定量的铁素体组织，提高抗裂性，即使受到基层的稀释，也不会产生马氏体组织；同时也应采用适当的焊接工艺，减小基层一侧的熔深和焊缝的稀释。

（2）过渡区的组织特点及对焊接的影响　过渡区高温下发生碳的扩散，在交界区会形成高硬度的增碳带和低硬度的脱碳带，从而形成了复杂的金属组织状态，造成焊接困难；同时，碳在高温下重新分布，使覆层增碳，降低了热影响区覆层的耐蚀性。

2. 焊接工艺

（1）焊接方法　焊接不锈复合钢时常用的焊接方法有焊条电弧焊、埋弧焊、氩弧焊、CO_2 焊和等离子弧焊等。实际生产中常用埋弧焊或焊条电弧焊焊基层，用焊条电弧焊和氩弧焊焊覆层和过渡层。

（2）坡口形式　不锈复合钢薄件焊接可采用 I 形坡口，厚件可采用 V 形、U 形、X 形、V 形和 U 形联合坡口等，也可在接头背面一小段距离内通过机加工去掉覆层金属，以确保焊第一道基层焊道时不受覆层金属的过大稀释，避免脆化基层珠光体的焊缝金属，如图 6-2 所示。一般尽可能采用 X 形坡口，当因焊接位置限制只可采用单面焊时，可用 V 形坡口。采用角接接头时，其坡口形式如图 6-3 所示。

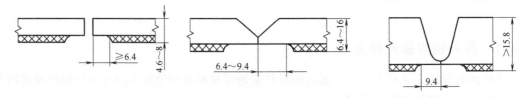

图 6-2　去掉覆层金属的复合钢板焊接坡口形式

（3）焊接材料　不锈复合钢的焊接中容易出现覆层的 Cr、Ni 等元素被烧损而降低覆层耐蚀性；基层对覆层的稀释作用，使覆层的 Ni、Cr 含量减小，而碳含量增加，使防蚀能力下降，形成马氏体使接头脆化；过渡层硬化；变形和应力大等，特别是过渡层的焊接是基层和覆层的交界处，因此复合钢板的焊接比较复杂。为了防止这些缺陷的产生，

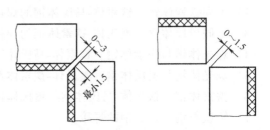

图 6-3　复合钢板焊接角接接头形式

应当选择三种不同类型的焊接材料分别施焊。比如，焊接基层时，可选用相应强度等级的结构钢焊材；焊接覆层时，由于是直接与腐蚀介质接触的面，所以选择相应的奥氏体钢焊材；而过渡层焊接，为了避免出现缺陷，可以选择 Cr、Ni 含量比不锈钢高，抗裂性和塑性都较好的奥氏体钢焊接材料。常用不锈复合钢板双面焊焊接材料的选择见表 6-2，不锈复合钢板单面焊焊接材料的选择见表 6-3。

表 6-2　不锈复合钢板双面焊焊接材料的选择

母材		焊条	埋弧焊	
			焊丝	焊剂
基层	Q235	E4303、E4315	H08A、H08	HJ431
	20、20g	E4303、E4315、E5015	H08Mn2SiA、H08A、H08MnA	HJ431
	09Mn2	E5003、E5015	H08MnA	
	16Mn	E5515-G	H08Mn2SiA	HJ431
	15MnTi	E6015-D1	H10Mn2	
覆层	过渡层	A302、A307、A312	H00Cr29Ni12TiAl	HJ260
	1Cr18Ni9Ti	A102、A107	H0Cr19Ni9Ti	HJ260
	0Cr18Ni9Ti	A132、A137	H00Cr29Ni12TiAl	
	0Cr13	A202、A207		
	Cr18Ni12Mo2Ti	A202、A207	H0Cr18Ni12Mo2Ti	
	Cr18Ni12Mo3Ti	A212	H0Cr18Ni12Mo3Ti	HJ260
			H00Cr29Ni12TiA	

表 6-3　不锈复合钢板单面焊焊接材料的选择

母　材		焊条	埋弧焊		备注
			焊丝	焊剂	
覆层	0Cr18Ni9Ti	A102	—	—	—
	1Cr18Ni9Ti	A107			
	0Cr13				
过渡层		纯铁	—	—	—
基层（有过渡层）	Q235A、20	E4303	H08A	HJ431	最初两层焊条电弧焊，其余埋弧焊
	20g	E4303、E5003、E5015	H08A、H08MnA	HJ431	
	16Mn	E5015、E5515-G	H08MnA、H10Mn2	HJ431	
	15MnTi	E6015-D1			
基层（无过渡层）	Q235A、20	A302、A307	HCr25Ni13	HJ260	—
	20g		H00Cr29Ni12TiAl		
	16Mn				
	15MnTi				

（4）焊接工艺要点

1）焊件准备。焊前装配应以覆层为准，对接间隙约为 1.5~2mm，防止错边过大，否则将影响过渡层和覆层的焊接质量。定位焊时，应在基层钢上进行，不许产生裂纹与气孔。焊前应对复合板坡口及其两侧 10~20mm 范围内进行清理。

2）焊接顺序。采用 X 形坡口双面焊时，先焊基层，再焊过渡层，最后焊覆层，如图 6-4 所示；采用单面焊时，应先焊覆层，再焊过渡层，最后焊基层；角接接头时，无论覆层在内侧还是外侧，均先焊基层。

3）焊接操作要点。焊基层时，注意焊缝不要熔透到覆层金属，焊接温度要低，防止覆层过热，焊接完成后要严格清理焊缝，并进行焊接探伤，探伤合格后方能焊过渡层。过渡层的焊接是要在保证熔合良好的前提下，尽量减少基层金属的熔入，焊接时严格控制层间温

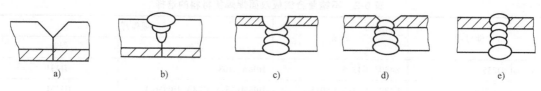

图 6-4　焊接顺序

a）装配　b）焊基层　c）覆层清根　d）焊过渡层　e）焊覆层

度，防止过热；并且尽量使用小电流焊接，减小基层对过渡层的稀释作用；焊接材料选择 Cr、Ni 含量高的焊条，可以避免产生马氏体组织。过渡层焊缝表面应当高出界面 0.5～1.5mm，基层焊缝表面到覆层的距离在 1.5～2.0mm 范围内，过渡层厚度在 2～3mm 范围内，且必须完全覆盖基层金属。

覆层的焊接主要是奥氏体不锈钢焊接性的问题，这里不多做阐述。

不锈复合钢板焊接后一般不做焊后热处理，避免碳元素发生迁移。如果焊接厚板时要进行消除应力处理，那么在焊接完基层后就进行，热处理后再焊接过渡层和覆层。

6.2.3　珠光体钢与奥氏体钢的焊接

1. 焊接特点

珠光体钢与奥氏体钢焊接时，由于两种钢在化学成分、金相组织和力学性能等方面相差较大，因而在焊接时易产生以下问题：

（1）焊缝出现脆性马氏体组织　珠光体钢与奥氏体钢焊接时，由于珠光体钢不含或含很少的合金元素，因而它对焊缝金属有稀释作用，使焊缝中奥氏体元素含量降低，从而可能在焊缝中出现马氏体组织，恶化接头性能，甚至产生裂纹。

（2）形成过渡层及熔合区塑性降低　焊接珠光体与奥氏体钢时，由于熔池边缘的液态金属温度较低，流动性较差，液态停留时间短，机械搅拌作用弱，从而使熔化的母材不能充分与填充金属混合。在紧邻珠光体钢一侧熔合区的焊缝金属中，形成一层与内部焊缝金属成分不同的过渡层。在过渡层中，易产生高硬度的马氏体组织，从而使焊缝脆性增加，塑性降低。根据所选焊条的不同，过渡层宽度一般为 0.2～0.6mm。

（3）碳的扩散影响高温性能　珠光体与奥氏体钢焊接时，母材中的碳会扩散迁移，在低铬钢一侧产生脱碳层，高铬钢一侧产生增碳层。如长时间在高温下加热，则碳的扩散迁移严重，珠光体一侧由于脱碳将使珠光铁组织转变为铁素体组织而软化，同时晶粒长大；奥氏体一侧由于增碳，部分碳元素将会与铬结合形成铬的碳化物而析出，使组织变脆。如果碳的迁移量过大，则对接头持久强度影响较大，从而使熔合区发生脆断倾向加大，而且容易产生晶间腐蚀。

（4）热应力的产生降低接头性能　奥氏体钢的线膨胀系数比珠光体大 30%～50%，热导率只有珠光体钢的 1/3。因而，在焊接和热处理过程中，熔合区会产生较大的热应力，导致沿珠光体一侧熔合区产生热疲劳裂纹，并沿着弱化的脱碳层扩展，以致发生断裂。

2. 焊接工艺

（1）焊接方法　珠光体与奥氏体钢焊接时，应选择熔合比小、稀释率低的焊接方法，各种焊接方法对母材熔合比的影响如图 6-5 所示。焊条电弧焊和熔化极气体保护焊都比较适合。埋弧焊虽然热输入大，熔合比也较大，但生产效率高，高温停留时间长，搅拌作用强烈，过渡层均匀，因而也是一种常用的焊接方法。

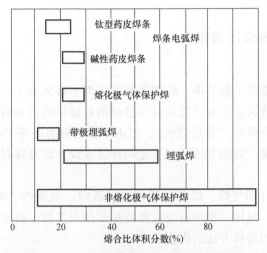

图 6-5　各种焊接方法对母材熔合比的影响

（2）焊接材料　珠光体钢与奥氏体钢焊接时，选择焊接材料的原则是：能克服珠光体钢对焊缝金属的稀释作用带来的不利影响；抵制碳化物形成元素的不利影响；保证接头的使用性能，包括力学性能和综合性能；接头内不产生冷、热裂纹；保证有良好的工艺性能和生产效率，尽可能降低成本。常用珠光体钢和奥氏体钢焊接方法与焊接材料的选择见表 6-4。

表 6-4　常用珠光体钢和奥氏体钢焊接方法与焊接材料选择

母　　材		焊接方法	焊接材料
第　一　种	第　二　种		
低碳钢与普通低合金钢	1Cr18Ni9Ti 1Cr18Ni12Ti 1Cr18Ni12Nb	焊条电弧焊	A302、A307
12CrMo、15CrMo、30CrMo			A312
12Cr1MoV、15Cr1MoV			A502、A507
Cr5Mo、Cr5MoV	Cr17Ni13Mo2Ti Cr16Ni13Mo2Nb Cr23Ni18	埋弧焊	H1Cr25Ni13 H1Cr20Ni10Mo
25CrWMoV、15Cr2Mo2VNi	Cr25Ni13Ti	氩弧焊	H1Cr20Ni7Mo6Si12
12CrMo、15CrMo、30CrMo 12CrMoV、15Cr1Mo1V Cr5Mo、15Cr2Mo2	Cr15Ni35W3Ti Cr16Ni25Mo6	焊条电弧焊	A502、A507 或镍基合金
低碳钢与低合金钢	Cr25Ni5TiMoV Cr25Ni5Ti		A502、A507

（3）焊接工艺要点　珠光体钢与奥氏体钢焊接时，为了降低熔合比，应采用大坡口、小电流、快速、多层焊等工艺。同时焊前也应进行预热，焊后进行热处理，以防出现淬硬组织，降低焊接残余应力和产生冷裂纹。

6.3　钢与有色金属的焊接

6.3.1　钢与铜及其合金的焊接

1. 焊接特点

钢与铜及铜合金的熔点、热导率、线膨胀系数等都有很大的不同，在焊接时易发生焊接热裂纹；同时，液态铜或铜合金有可能向其所接触的近缝区的钢表面内部渗透，并不断向微观裂纹浸润深入，形成所谓的"渗透裂纹"。但由于铁与铜的原子半径、晶格类型等比较接近，原子间的扩散较容易，对钢与铜及铜合金的焊接来说，这是有利的一面。

2. 焊接工艺

大多数的熔焊方法（如气焊、焊条电弧焊、埋弧焊、氩弧焊、电子束焊等）都可用于钢与铜及铜合金的焊接。同样，在焊前也应将待焊部位及其附近清理干净，直至露出金属光泽。下面介绍几种常用的熔焊方法的焊接工艺。

（1）焊条电弧焊　当板厚大于 3mm 时需开坡口，坡口形式、尺寸与焊钢时相同。为了保证焊透，X 形坡口不留钝边。单道焊缝施焊时，焊条应偏向钢侧，必要时可对铜件适当预热。低碳钢与纯铜焊条电弧焊工艺参数见表 6-5。

表 6-5　低碳钢与纯铜焊条电弧焊工艺参数（用 T107 焊条）

材料组合	接头形式	母材厚度/mm	焊条直径/mm	焊接电流/A
Q235A+T1	对接	3+3	3.2	120~140
Q235A+T1	对接	4+4	4.0	150~180
Q235A+T2	对接	2+2	2.0	80~90
Q235A+T2	对接	3+3	3.0	110~130
Q235A+T3	T 形接头	3+3	3.2	140~160
Q235A+T3	T 形接头	4+10	4.0	180~210

（2）钨极氩弧焊　主要用于薄件焊接，也常用在纯铜-钢的管与管、板与板、管板的焊接以及在钢上补纯铜的焊接。焊前焊件必须彻底清理，通常铜要酸洗，而钢件要去油污。当纯铜与低碳钢焊接时，选用 HS202 焊丝，与不锈钢焊接时，选用 B30 白铜丝或 QA19-2 铝青铜焊丝。焊接时采用直流正接，焊条偏向铜的一侧，不摆动，快速焊。

（3）埋弧焊　当厚度大于 10mm 时，需开 V 形坡口，角度为 60°~70°，铜一侧角度略大于钢侧，可为 40°，钝边 3mm，间隙 0~2mm。焊接时，焊丝偏向铜一侧，距焊缝中心约 5~8mm，目的是控制热量和减少钢的熔化量。一般在坡口中放置铝丝可以脱氧、减小液态铜向钢侧晶界的渗入倾向。低碳钢与纯铜埋弧焊的焊接参数见表 6-6。

6.3.2　钢与铝及其合金的焊接

1. 焊接特点

铝及其合金与钢的物理性能相差很多，给焊接造成了很大的困难。首先，熔点相差约 800~1000℃，焊接时，当铝及其合金已完全熔化，钢却还保持在固态；其次，热导率相差 2~

表 6-6　不锈钢与纯铜埋弧焊焊接参数

异种金属	接头形式	厚度/mm	焊丝直径/mm	焊接电流/A	电弧电压/V	焊接速度/(m/h)	送丝速度/(m/h)
1Cr18Ni89	对接 V 形	10+10	4	600~650	36~38	23	139
		12+12	4	650~680	38~40	21.5	136
		14+14	4	680~720	40~42	20	134
		16+16	4	720~780	42~44	18.5	130
		18+18	5	780~820	44~45	16	128
		20+20	5	820~850	45~46	15.5	126

注：焊剂为 HJ431，焊丝为 T2，坡口中添加 φ2Ni 丝 2 根。

13 倍，很难均匀加热；此外，线膨胀系数相差 1.4~2 倍，在接头界面两侧造成残余热应力，并且无法通过热处理消除，增强了裂纹倾向；再有，铝及其合金加热时能形成氧化膜（Al_2O_3），不仅会造成焊缝金属熔合困难，还会形成焊缝夹渣。

铝能够与钢中的铁、锰、铬、镍等元素形成有限固溶体和金属间化合物，还能与钢中的碳形成化合物。随着含铁量的增加，铝与铁会形成多种金属间化合物，如 $FeAl$、$FeAl_2$、$FeAl_3$、Fe_2Al_7、Fe_3Al、Fe_2Al_5，其中 Fe_2Al_5 最脆，当其含量增加时，则会降低塑性，使脆性增大，严重影响焊接性。

为了解决钢与铝及其合金熔焊时的困难，常采取如下工艺措施：

1）为了减少钢与铝产生金属间化合物，在钢表面覆一层与铝能很好结合的过渡金属，如锌、银等，过渡层厚度为 30~40μm，钢侧为钎焊，铝侧为熔焊；也可采用复合镀层，如 Cu-Zn（4~6μm +30~40μm）或 Ni-Zn（5~6μm +30~40μm），能使金属间化合物层的厚度更小。

2）对接焊时，使用 K 形坡口，坡口开在钢材一侧。焊接热源偏向铝材一侧，以使两侧受热均衡，防止镀层金属蒸发。

3）使用惰性气体保护，如用氩弧焊等。

2. 焊接工艺

钢与铝及其合金的熔焊采用钨极氩弧焊。使用 K 形坡口，钢的一侧坡口角度为 70°。清理干净坡口后，在钢表面覆过渡层，在碳钢及低合金钢表面镀锌，在奥氏体钢表面镀铝。

钨极氩弧焊采用交流电流，钨极直径为 2~5mm。焊接铝与钢时先将电弧指向铝焊丝，待开始移动进行焊接时则指向焊丝和已形成的焊道表面，如图 6-6a 所示，这样能保护镀层不被破坏；另一种方法是使电弧沿铝侧移动，而铝焊丝沿钢侧移动，如图 6-6b 所示，使液态铝流至钢的坡口表面。焊接电流可参照表 6-7 选择。

表 6-7　钢与铝钨极氩弧焊的焊接电流

金属厚度/mm	3	6~8	9~10
焊接电流/A	110~130	130~160	180~200

6.3.3　钢与钛及其合金的焊接

1. 焊接特点

（1）接头脆化　钢与钛及钛合金焊接时，易产生 TiFe、$TiFe_2$ 和 TiC 等脆性化合物，增

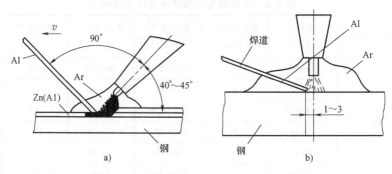

图 6-6　氩弧堆焊时、对接焊时电弧的位置
a) 氩弧堆焊时电弧的位置　b) 对接焊时电弧的位置

加焊接接头脆性，导致裂纹。同时，钛及钛合金在高温下大量吸收氧、氮、氢等气体，特别是在液态时更严重，使焊接区被污染而脆化，甚至产生气孔。

（2）易产生焊接变形　钛及钛合金的热导率约为钢的 1/6，弹性模量为钢的 1/2，热导率小，焊接时易引起变形，需用刚性夹具、冷却压块等防止和减小变形。焊后应在真空或氩气保护下，加热到 550~650℃，保温 1~4h，进行退火消除内应力。

2. 焊接工艺

由于钢与钛及钛合金焊接时易产生脆性化合物，因而一般不能采用焊条电弧焊、埋弧焊与 CO_2 焊等方法，可采用钨极氩弧焊，其焊缝结构如图 6-7 所示。

焊前应先用钢丝刷打磨接头表面，然后用酸液清洗。钢与钛及钛合金焊接材料及工艺参数见表 6-8。

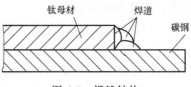

图 6-7　焊缝结构

表 6-8　钢与钛及钛合金焊接材料及工艺参数

焊层	焊丝	焊丝直径/mm	钨极直径/mm	焊接电流/A	焊接电压/V	氩气流量/(L/min)	
						喷嘴	拖罩
1	纯铜		3~4	165			
2	银	3	3	60~75	15~20	15	25
3	银铜		4	150~165			

6.4　异种有色金属的焊接

6.4.1　铝与钛的焊接

1. 焊接特点

铝与钛在物理化学性能和力学性能方面有较大差异，焊接时易出现以下问题：

（1）铝与钛易氧化，合金元素易烧损蒸发　钛在 600℃ 时开始氧化生成 TiO_2，同时铝也易氧化生成 Al_2O_3，这些氧化物会使焊缝产生夹杂，增加金属脆性，阻碍焊缝熔合，使焊接困难；由于铝的熔点比钛低 1160℃，因而，当钛开始熔化时，铝及其合金元素将会大量烧损蒸发，使焊缝化学成分不均匀。

（2）易产生脆性化合物　钛与铝在 1460℃ 时，形成铝的质量分数为 36% 的 TiAl 型金属间化合物；1340℃ 时，形成铝的质量分数为 60%~64% 的 Ti_3Al 型金属间化合物；同时，钛与氮和碳也易形成脆性化合物。所有这些脆性化合物都使焊缝金属脆性增加，焊接性变差。

（3）铝与钛相互溶解度小，高温时吸气性大　钛在铝中的溶解度极小，室温下只有 0.07%，铝在钛中的溶解度更小，因而两种金属很难结合，焊缝成形困难；氢在钛和铝中的溶解度很大，焊接时焊缝中吸收大量的氢，很容易聚集形成气孔，使焊缝塑性和韧性降低，产生脆裂。

（4）铝与钛的变形大　铝的热导率和线膨胀系数分别约为钛的 16 倍和 3 倍，在焊接时易发生焊接变形。

2. 焊接工艺

铝与钛易形成金属化合物，因而很少采用熔焊方法。焊接时可利用钛与铝的熔点不同，采用熔焊-钎焊工艺，即铝一侧为熔焊，钛一侧为钎焊，如图 6-8 所示。钛板加热后只部分熔化而不熔透，使其热量将背面搭接的铝板熔化，在惰性气体保护下，液态铝在清洁的钛板背面形成填充金属——钎焊缝。

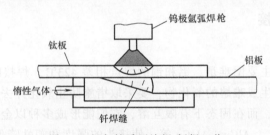

图 6-8　铝与钛采用熔焊-钎焊工艺

由于采用熔焊—钎焊工艺要保持熔池温度不能过高，操作困难，目前采用先在坡口上渗铝的工艺措施。即焊前先在钛件的坡口上覆盖一层铝，用钨极氩弧焊进行快速焊接，以防止钛熔化。其焊接参数见表 6-9。

表 6-9　铝与钛钨极氩弧焊的焊接参数

接头形式	板厚/mm		填充材料	填充材料直径/mm	焊接电流/A	氩气流量/(L/min)	
	Al(L4)	Ti(TA2)				焊枪	背面保护
角接	8	2			270~290	10	12
搭接	8	2	LD4	3	190~200	10	15
对接	8~10	8~10			240~285	10	8

6.4.2　铜与钛的焊接

1. 焊接特点

铜与钛由于物理和化学性能方面存在较大差异，焊接时主要问题是：铜与钛的互溶性有限，在高温下能形成 TiCu、Ti_2Cu 等多种金属间化合物，以及 $Ti+Ti_2Cu$（熔点 1003℃）、$Ti_2Cu+TiCu$（熔点 960℃）等低熔点共晶，使接头性能下降；钛与铜对氧的亲和力很大，在常温和高温下都易形成氧化物；在高温下，钛与铜还能吸收氢、氮和氧等，在焊缝熔合线处形成氢气孔，并且在钛母材侧易生成片状氢化物 TiH_2 产生氢脆等。

2. 焊接工艺

铜与钛的焊接，主要使用的熔焊方法是钨极氩弧焊。在焊接时，为了防止两种金属产生低熔点共晶，钨极电弧应指向铜的一侧。钛合金与铜钨极氩弧焊焊接参数见表 6-10。

表 6-10　钛合金与铜钨极氩弧焊焊接参数

母材	板厚/mm	焊接电流/A	电弧电压/V	填充材料		电弧偏离/mm
				牌号	直径/mm	
TA2+T2	3.0	250	10	QCr0.8	1.2	2.5
	5.0	400	12	QCr0.8	2	4.5
Ti3Al37Nb+T2	2.0	260	10	T4	1.2	3.0
	5.0	400	12	T4	2	4.0

6.4.3　铝与铜的焊接

1. 焊接特点

铝与铜在熔焊时的主要困难是：铝和铜的熔点相差 423℃，焊接时很难同时熔化；铝与铜在高温下强烈氧化，生成难熔的氧化物，要采取措施防止氧化并去除熔池中的氧化膜；铝和铜在液态下无限互溶，而在固态下有限互溶，它们能形成多种以金属间化合物为主的固溶体相，如 $AlCu_2$、Al_2Cu_3、$AlCu$、Al_2Cu 等，使接头的强度和塑性降低。实践证明，铝-铜合金中铜的质量分数为 12% ~ 13% 时综合性能最好，因而应采取措施使焊缝金属中铜的质量分数不超过此范围，或者采用铝基合金。

铝与铜塑性都好，很适合采用压焊方法。采用压焊时，可避免熔焊时所出现的以上问题。目前常用的压焊有冷压焊、摩擦焊和扩散焊等。

2. 焊接工艺

（1）钨极氩弧焊　铝与铜钨极氩弧焊时，为了减小焊缝金属中铜的质量分数，将其控制在 12% ~ 13%，增加铝的成分，焊前可将铜端加工成 V 形或 K 形坡口，并镀上厚约 6μm 的锌层；焊接时，电弧应偏向铝的一侧，主要熔化铝，减小对铜的熔化。铝及铜钨极氩弧焊时，可采用电流为 150A，电压为 15V，焊接速度为 6m/h，选用 L6 焊丝、直径为 2 ~ 3mm 的焊接参数。

（2）埋弧焊　铝及铜埋弧焊时，为了减小焊缝中铜的熔入量，可采用图 6-9 所示的接头形式，铜侧开半 U 形坡口并预置 φ3mm 的铝焊丝，铝侧为直边；同时电弧也应指向铝，但不能偏离太远，如工件厚度为 δ，则电弧与铜件坡口上缘的偏离值 $l=(0.5 ~ 0.6)\delta$。铝与铜埋弧焊焊接参数见表 6-11。

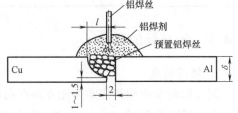

图 6-9　铜-铝埋弧焊示意图

表 6-11　铝与铜埋弧焊焊接参数

板厚/mm	焊接电流/A	焊丝直径/mm	焊接电压/V	焊接速度/(m/h)	焊丝偏离/mm	焊剂层/mm		焊接层数
						宽	高	
8	360~380	2.5	35~38	24.4	4~5	32	12	1
10	380~400	2.5	38~40	21.5	5~6	38	12	1
12	390~410	2.6	39~42	21.5	6~7	40	12	1
20	520~550	3.2	40~44	8~12	8~12	46	14	3

第 7 章 焊接质量检验

7.1 焊接质量检验的方法与内容

7.1.1 焊接质量检验的方法

焊接质量的检验方法分为破坏性检验和非破坏性检验两类，如图 7-1 所示。

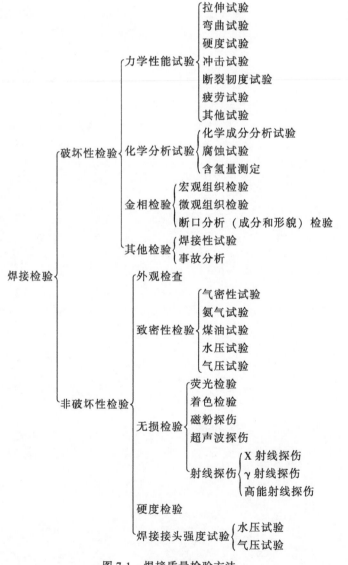

图 7-1 焊接质量检验方法

1. 破坏性检验

破坏性检验主要是对试样进行检验。

（1）力学性能试验　拉伸（室温、高温）试验，弯曲试验，硬度试验，冲击试验，断裂韧度试验，疲劳试验，其他试验。

（2）化学分析试验　化学成分分析试验，腐蚀试验，含氢量测定。

（3）金相检验　宏观组织检验，微观组织检验，断口分析（成分和形貌）检验。

（4）其他检验　如焊接性试验、事故分析等。

2. 非破坏性检验

非破坏性检验主要是对产品进行检验。

1）外观检查。

2）无损检验。

① 表面检查。磁粉探伤（MT）；渗透探伤（PT），包括着色检验和荧光检验。

② 内部检查。超声波探伤（UT）；射线探伤（RT），包括 X 射线探伤、γ 射线探伤和高能射线探伤。

3）焊接接头的强度试验。水压试验、气压试验。

4）致密性检验。气密性试验、氨气试验等。

5）硬度检验。

7.1.2　焊接质量检验的内容和要求

焊接质量检验贯穿整个焊接过程，包括焊前检验、焊接过程中的检验和焊后成品检验三个阶段。

1. 焊前检验

焊前检验是指焊件投产前应进行的检验工作，是焊接检验的第一阶段，其目的是预先防止和减少焊接时产生缺陷的可能性。包括的项目有：

1）检验焊接基体金属、焊丝、焊条的型号和材质是否符合设计或规定的要求。

2）检验其他焊接材料，如埋弧焊焊剂的牌号、气体保护焊保护气体的纯度和配比等是否符合工艺规程的要求。

3）对焊接工艺措施进行检验，以保证焊接能顺利进行。

4）检验焊接坡口的加工质量和焊接接头的装配质量是否符合图样要求。

5）检验焊接设备及其辅助工具是否完好，接线和管道连接是否合乎要求。

6）检验焊接材料是否按照工艺要求进行了去锈、烘干和预热等。

7）对焊工操作技术水平进行鉴定。

8）检验焊接产品图样和焊接工艺规程等技术文件是否齐备。

2. 焊接过程中的检验

焊接过程中的检验是焊接检验的第二阶段，由焊工在操作过程中进行，其目的是防止由于操作原因或其他特殊因素的影响而产生焊接缺陷，便于及时发现问题并加以解决。包括：

1）检验在焊接过程中焊接设备的运行情况。

2）对焊接工艺规程、规范、规定的执行情况。

3）焊接夹具在焊接过程中的夹紧情况。

4）操作过程中可能出现的未焊透、夹渣、气孔、烧穿等焊接缺陷。

5）焊接接头质量的中间检验，如厚壁焊件的中间检验等。

焊前检验和焊接过程中的检验是防止产生缺陷、避免返修的重要环节。尽管多数焊接缺陷可以通过返修来消除，但返修要消耗材料、能源、工时，增加产品成本。通常返修要求采取更严格的工艺措施，增加工作难度，而且返修处可能产生更为复杂的应力状态，成为新的影响结构安全运行的隐患。

3. 焊后成品检验

焊后成品检验是焊接检验的最后阶段，需按产品的设计要求逐项检验。包括的项目主要有：检验焊缝尺寸、外观及探伤情况是否合格；产品的外观尺寸是否符合设计要求；变形是否控制在允许范围内；产品是否在规定的时间内进行了热处理等。焊后成品检验方法有破坏性检验和非破坏性检验两大类，有多种方法和手段，具体采用哪种方法，主要根据产品标准、有关技术条件和用户的要求来确定。

7.2　焊接接头的破坏性检验方法

7.2.1　力学性能试验

在我国，对压力容器等结构的力学性能试验以拉伸、弯曲、冲击试验为主。产品焊接试板的取样方法如图 7-2 所示。

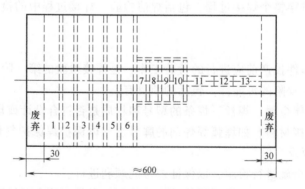

图 7-2　产品焊接试板的取样方法

1、2—拉伸　3、5—面弯　4、6—背弯　7、8、9—冲击　10、11、12、13—焊缝金属拉伸

1. 拉伸试验

（1）目的　进行拉伸试验是为了测定接头或焊缝金属的抗拉强度、屈服强度、断面收缩率和伸长率等力学性能指标。

（2）取样　一般接头拉伸试样为垂直于焊缝的横向板状试样（见图 7-2），焊缝金属拉伸试样则为纵向圆试样。它们的形状、尺寸在国家标准中都有规定。焊接接头与焊缝金属的高温短时强度试验应采用圆试样。试验温度为压力容器的最高工作温度。

在试板上截取试样应尽可能采用机械加工方法。若用气割取样，则划线时必须留出气割余量，并将气割面的热影响区全部加工掉，以便真实地反映接头的性能。

（3）评定标准 接头的常温抗拉强度与高温强度均应不低于母材标准规定值的下限。还应指出，接头伸长率不能以均匀母材伸长率的合格标准作为验收指标。

2. 弯曲试验

（1）目的 进行弯曲试验是为了测定焊接接头或焊缝金属的塑性变形能力。

（2）取样 弯曲试样也有纵、横之分，一般用横向试样，其形状、尺寸在国家标准中也有规定。由于焊缝与母材强度不等，弯曲时塑性变形必然集中于低强度区，因此对强度差别较大的异种钢接头应采用纵向试样。焊缝金属的弯曲试样通常采用纵向试样。

按弯曲试样的受拉面在焊缝中的位置可分为面弯、背弯和侧弯。面弯与背弯时受拉面分别在焊缝的表面层和底层。侧弯则是焊缝的横截面为受拉面，故可测定整个接头的塑性变形能力。

（3）合格标准 弯曲试验结果的合格标准在我国是按钢种来评定的，如规定碳钢、奥氏体钢的弯曲角度下限为180°，低合金高强钢和奥氏体不锈钢为100°，铬钼和铬钼钒耐热钢为50°。不同钢种的试样弯至上述相应的角度后，其受拉面上如有长度大于1.5mm的横向裂纹或缺陷，或者有大于3mm的纵向裂纹或缺陷，就认为不合格。

3. 冲击试验

（1）目的 冲击试验用来测定焊接接头各区的缺口韧性，从而检验接头的抗脆性断裂能力。冲击试验对压力容器的检验来说是必不可少的。

（2）试样 如果没有明确规定，冲击试验也是取横向试样，试样的形状、尺寸在国家标准中有规定。

由于焊接接头的组织和性能不均匀，因此存在试样截取部位和缺口位置的问题。对于薄壁试样，可以在整个厚度上取样；对于厚壁焊缝，则可从接头的表层、中心部位或底层取样。试样的缺口位置可开在焊缝、熔合区和热影响区。缺口形式有U形和V形两种。U形缺口底部回角较大，无法真实模拟焊接缺陷中可能出现的尖端，故不能反映接头的实际脆性转变温度。目前倾向采用夏比V型缺口的冲击试验。

（3）合格标准 焊接接头各区的缺口冲击韧度应不低于母材标准规定的最低值。

4. 硬度试验

一般产品不要求做硬度试验，只有抗氢钢制造的容器因为钢淬硬倾向大，技术条件中规定其焊接试板应做硬度试验。

在焊接工艺评定试验中，一般都规定要做硬度试验，但我国还没有各钢种焊接接头的硬度合格标准。一般规定各区硬度值不能超过280HBW。焊接接头的硬度测点位置如图7-3所示。

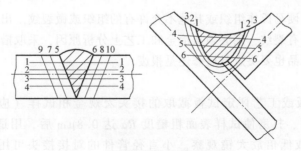

图 7-3 焊接接头的硬度测点位置

7.2.2 化学分析

化学分析的目的是检查焊缝金属的化学成分。通常只有在接头力学性能及无损探伤不合格或制定焊接新工艺时才需要进行化学分析。

一般采用直径为 6mm 左右的钻头从焊缝中钻取样品，也可以在堆焊金属上钻取。取样区应离开起弧及收弧处 15mm，且与母材之间的距离要大于 5mm，如图 7-4 所示。取出的细屑厚度不能超过 1.5mm，并用乙醚洗净。

试样的钻取量视所分析元素的数目而定。分析 C、Mn、Si、S、P 五大元素可取 30g 细屑。若还需分析 Ni、Cr、Mo、Ti、V、Cu 等元素，则细屑不能少于 50g。

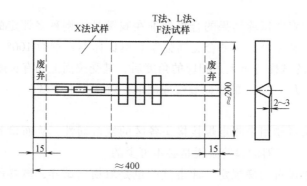

图 7-4 焊缝金属化学分析试样钻取要求

7.2.3 金相试验

金相试验和硬度试验一样，都是检验产品焊接接头质量的方法，其可对有淬硬倾向的钢材检查热影响区是否有不允许存在的脆硬马氏体组织、微裂纹以及接头内部缺陷。

我国现行压力容器制造规程中没有明确规定要做金相试验。

1. 微观分析

微观分析需一般只对合金钢容器才做金相试验。制备金相试样，在显微镜下放大 100～2000 倍进行观察。微观分析可以发现接头各区可能存在的显微缺陷及组织缺陷。

试样的大小一般只有 20mm×20mm 左右，所以选择试样的部位很重要。一般选取有缺陷处或接头中最易产生缺陷的区域，而且试样要包括整个接头区（焊缝 WM、热影响区 HAZ、母材 BM）。

试样上不应有脆硬马氏体组织或其他不允许有的组织或微裂纹。出现马氏体组织可以通过热处理来消除，若有裂纹，则必须从冶金和工艺上分析原因，采取措施。如果试样上出现缺陷，则对相应的产品也要决定是返修还是报废。

2. 宏观分析

由产品焊接试板或工艺评定试板截取的接头宏观金相试样（应包括完整的焊缝和热影响区），经刨削、打磨使试样表面粗糙度 Ra 达 $0.8\mu m$ 后，用适当的腐蚀剂侵蚀后洗净吹干，用肉眼或低倍放大镜观察。小直径管件的对接接头可用断口检查代替宏观磨片检查。

7.2.4　晶间腐蚀试验

不锈钢制压力容器的焊接接头应做晶间腐蚀试验。由焊接试板截取试样的方法如图 7-5 所示。根据容器内介质的腐蚀性大小，可选用不同的晶间腐蚀试验方法。

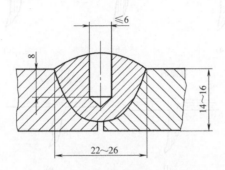

图 7-5　由焊接试板截取试样的方法

7.3　焊接接头的非破坏性检验方法

7.3.1　外观检查（VE）

外观检查是用肉眼借助样板或用低倍（约 10 倍）放大镜及量具观察焊件，检查焊缝的外形尺寸是否合格，以及有无焊缝外气孔、咬边、满溢以及焊接裂纹等表面缺陷的方法，所以也称为目视检查。

7.3.2　表面及近表面缺陷检查

表面及近表面缺陷检查有渗透探伤和磁粉探伤两种方法。磁粉探伤只适用于检查碳钢和低合金钢等磁性材料焊接接头，渗透探伤则更适用于检查奥氏体钢、镍基合金等非磁性材料焊接接头。

1. 渗透探伤（PT）

渗透探伤是利用毛细现象来检查工件表面缺陷（主要是裂纹）的方法，包括着色法、荧光法和煤油渗透法等。该方法一般可发现宽度 0.01mm 以上、深度 0.04mm 以上的表面缺陷。

（1）着色法　它的基本操作工序如图 7-6 所示。被检测工件表面先用清洗剂洗净，烘干或晾干后喷上渗透剂（一般为红色），经过 15~30min，渗透剂在毛细现象作用下渗入缺陷；清洗干净表面多余的渗透剂，待干燥后再喷上显像剂（一般为白色），将残留在缺陷中的渗透剂吸出，有缺陷处就显示出缺陷图像（红色）。微小缺陷的显影过程比较慢，一般按规定要等 15~30min。若喷渗透剂后没有缺陷的地方清洗不彻底，则可能会出现伪缺陷。若焊条电弧焊缝边缘的焊渣没除净，渗透剂则难以洗去，也会出现伪缺陷。所以对于重要产品，应把焊渣除尽，以免着色出现伪缺陷。

着色法探伤不需要大型设备，目前大多用喷罐着色探伤，使用方便，所以应用十分广泛。

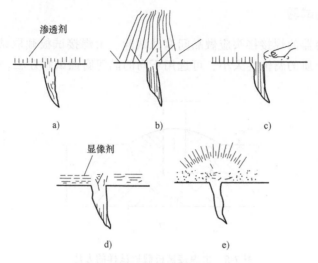

图 7-6　着色法的基本操作工序
a）渗透　b）水清洗　c）溶剂清洗　d）显像　e）观察

（2）荧光法　将清洁后的工件被检部位用煤油和矿物油混合成的荧光液浸涂 5~10min，使之在毛细现象作用下渗入缺陷部位，然后撒上氧化镁粉末，通过振动使氧化镁粉末浸透到缺陷中，再吹除多余的氧化镁粉末，在暗室中用紫外线照射，即可发现缺陷处残留的氧化镁粉末显示出清晰的黄绿色图像，如图 7-7 所示。若无暗室及荧光照射设备，也可把焊缝用煤油浸涂后擦干表面，撒上氧化钙（石灰）粉，这样也可显示缺陷。这种方法就是煤油渗透法。

2. 磁粉探伤（MT）

和渗透探伤一样，磁粉探伤也是对材料近表面缺陷进行检测的一种方法。不过，磁粉探伤只适于磁性材料，而且它对裂纹、未焊透较灵敏，对气孔、夹渣不太灵敏。

磁粉探伤是利用缺陷部位发生的漏磁吸引磁粉现象来进行探伤的，它的原理如图 7-8 所示。将磁粉探伤仪的触头接触工件，通电建立磁场（也可用其他方法建立磁场），如果材料没有缺陷，则磁场是均匀的，磁力线呈均匀分布；当有缺陷（如裂纹、未焊透、夹渣）时，磁阻发生变化，磁力线也相应发生改变，绕过缺陷而聚集在材料表面，形成较强的漏磁

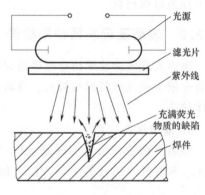

图 7-7　荧光法探伤示意图

场，事先撒在工件表面的磁粉就会在漏磁处堆积，从而显示出缺陷的位置轮廓。

7.3.3　内部缺陷检查

常用的内部缺陷检查方法有射线探伤和超声波探伤。

1. 射线探伤（RT）

射线可分为 X 射线、γ 射线和高能射线三种。

　　X 射线来自 X 射线管（为高真空二极管），是高速电子撞击到阳极金属靶时产生的，如图 7-9 所示；γ射线是放射性元素（工业探伤中常用的是人工放射性同位素钴、铱、铯）的原子核裂变时产生的；高能射线是指能量在 $10^6 eV$ 以上的 X 射线，是由电子感应加速器、高能直线加速器或电子回旋加速器产生的。射线探伤的物理基础是射线具有可以穿透物质并因被物质吸收而衰减的特性。

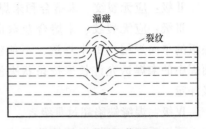

图 7-8　磁粉探伤原理

　　X 射线是由高速运动着的带电粒子与某种物质相撞后猝然减速，且与该物质中的内层电子相互作用而产生的。

　　X 射线产生的几个基本条件：

　　1）产生自由电子。

　　2）使电子做定向高速运动。

　　3）在电子运动的路径上设置使其突然减速的障碍物。

　　4）将阴、阳极封闭在大于 $10^{-3}Pa$ 的高真空中，保持两极纯洁，促使加速电子无阻挡地撞击到阳极靶上。

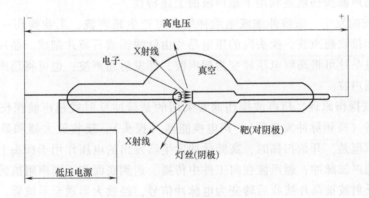

图 7-9　X 射线的产生原理

　　（1）射线探伤的原理和意义　射线探伤是利用射线能穿透金属、使胶片感光的原理来检验焊缝中的缺陷的（见图 7-10）。将射线源对准受检部位，使射线透过焊件照射到胶片上。由于焊件的厚度或组织不同，故射线透过时的衰减程度不同，胶片的感光程度也不同。若焊缝内存在缺陷（如气孔），则由于缺陷处密度比金属的密度小，所以射线在有缺陷的地方透过的强度比没有缺陷的地方大。由于胶片感光程度不同，有缺陷处比较黑，没有缺陷的地方比较亮，因此可发现缺陷的位置、大小和种类。

　　目前，国内外对锅炉、压力容器等重要结构的无损检验多侧重用射线探伤，这是因为除了可以直观判断有无缺陷外，还可以将胶片记录存档备查。

　　（2）焊缝质量分级　根据缺陷的性质和数量将焊缝质量分为四级：

　　Ⅰ级：应无裂纹、未熔合、未焊透和条状夹渣。

Ⅱ级：应无裂纹、未熔合和未焊透。

Ⅲ级：应无裂纹、未熔合及双面焊或加垫板的单面焊缝中的未焊透，不加垫板的单面焊中的未焊透允许长度按条状夹渣长度Ⅲ级评定。

Ⅳ级：焊缝缺陷超过Ⅲ级者。

可以看出，Ⅰ级焊缝缺陷最少，质量最高；Ⅱ级、Ⅲ级、Ⅳ级焊缝的内部缺陷依次增多，质量逐渐下降。

（3）射线探伤的优缺点　射线探伤的优点是能从胶片上直观地判断缺陷的种类和分布；缺点是射线对操作者有危害，需要采取一定的防护措施，而且对平行于射线方向的平面形缺陷没有超声波灵敏。

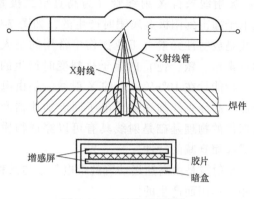

图 7-10　X 射线照相探伤

2. 超声波探伤（UT）

超声波是频率超过 20kHz 的机械振动波，具有能透入金属材料深处的特性，而且由一种介质进入另一种介质时会在界面发生反射和折射，同时在传播中会被介质部分吸收，使能量发生衰减。超声波探伤就是利用了超声波的上述特性。

（1）超声波的发生　磁致伸缩或电致伸缩都可产生超声波，工业探伤一般采用电致伸缩探头来发生和接收超声波。探头内的压电晶片由钛酸钡或石英片制成。晶片两面镀银形成两个电极。压电晶片可将高频电压转变为超声波，即发射超声波；也可将超声波转变为高频电压，即接收超声波。

（2）超声波探伤原理　超声波探伤通常采用的是脉冲反射式超声波探伤仪，它是由脉冲超声波发生器（高频脉冲发生器）、声电换能器（探头）、接收放大器和显示器四大部分组成。其探伤原理是，开始扫描时，高频脉冲发生器发出的电压作用于探头上的晶片，使晶片振动，产生超声波脉冲；超声波在向工件中传播，遇到底面和不同声阻抗的缺陷时，就会产生反射波；反射波被晶片接收后转变为电脉冲信号，经放大器送至示波管，在扫描线上相应缺陷和底面位置显示出缺陷脉冲和底脉冲的波形，其波幅大小表示反射的强弱，因此由示波管荧光屏上的图形可判断工件内有无缺陷以及缺陷的位置和大小。

（3）影响探伤灵敏性的因素

1）超声波波长和频率。

2）超声波发射重复频率。

3）探伤仪的盲区。

4）工件探伤面的表面粗糙度。

（4）超声波探伤方法　超声波探伤方法分为脉冲反射法、穿透法和共振法三种。应用最多的是单探头式脉冲反射法。超声波脉冲反射法采用两种探头：直探头和斜探头。直探头用纵波垂直入射，斜探头是用横波斜射。纵波在固体、液体、气体中都能传播，而横波只能在固体中传播。横波斜探头探伤是焊缝探伤的主要方法。下面主要讨论横波探伤。

1）探头的移动方式和范围。探头的移动方式如图 7-11 所示。移动宽度由压力容器壳体厚度 T 来确定。T 为 8~46mm 时，移动宽度不小于 $2TK+50mm$；T 为 46~120mm 时，移动宽

度则不小于 $TK+50\text{mm}$。斜探头 K 值的范围见表
7-1。

表 7-1　斜探头 K 值[①]的范围

壳体厚度 T/mm	K 值
8~25	2.0~3.0
>25~46	1.5~2.5
>46~120	1.0~2.0

① 即横波折射角的正切值 $\tan\gamma_{s}$。

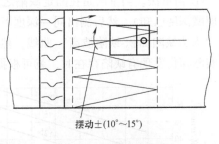

摆动±(10°~15°)

图 7-11　探头移动方式

2）缺陷位置的确定。为确定缺陷在焊缝中的
位置，必须识别缺陷波。

　　首先用适当的标准试块（没有缺陷）标定发射波、一次底波与二次底波的位置（见图
7-12）。横波由探头进入焊件，材料发生变化，有一部分波被反射回探头，所以在显示器上
出现一个脉冲波（发射波）；横波到达焊件底面时，由于横波不能在气态中传播，所以几乎
所有的波都以一定的反射角反射到焊件中，又由于没有波返回探头，所以横波探伤在显示器
上实际看不到底波。为了确定缺陷在焊件中的位置，要借助于与工件同质同厚的标准试块用
正射波法或反射波法测定假想的底波（一次底波和二次底波），方法是：使探头对着标准试
块的垂直端面由边缘起慢慢向后移动，找到底角反射波（底角处横波反射是向回反射，所
以显示器上出现一次底波），然后继续向后移动探头。由于折射角度发生变化，所以一次底
波又看不见了，但是工件声波入射点到试块底面的距离是不变的，也就是一次底波到发射波
之间的距离能够反映工件的厚度。继续向后移动探头，找到二次底波（在另一个角，波也
被返回）。换上实际工件进行测试（见图 7-11），如果工件中存在缺陷，超声波在传播中正
好遇到它，那么由于缺陷物质和金属不同，就会有一部分波反射回来（当然，界面与入射
波越垂直效果越好），在显示器上出现缺陷波。这样就可以确定缺陷的位置。

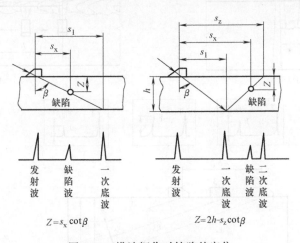

$Z=s_{x}\cot\beta$　　　　　　　　　$Z=2h-s_{z}\cot\beta$

图 7-12　横波探伤时缺陷的定位

3）缺陷大小的确定。缺陷大小是指缺陷对声束反射的面积。在超声波探伤中，实际测
得的缺陷总是和实际缺陷的大小有出入。缺陷的定量可采用当量法和半波高法。当量法用于
缺陷反射面小于声束截面的情况，半波高法则用于缺陷反射面大于声束截面的情况。

① 当量法。当量法是在测定缺陷之前，先做一批带有人为缺陷的试块（人为缺陷的面积和埋藏深度已知），然后测出同一深度下不同大小的人为缺陷的对应反射波高，作出某一深度下"人为缺陷面积-缺陷波高"曲线，然后改变深度再作出一系列这种曲线，如图7-13所示。当实际探伤发现有缺陷存在时，就可根据荧光屏上缺陷波的高度及曲线查出相应的缺陷面积。

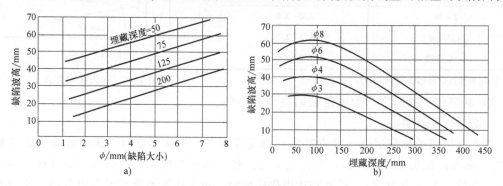

图 7-13　缺陷当量曲线
a)"面积-高度"曲线　b)"深度-高度"曲线

② 半波高法。半波高法是当缺陷面积大于声束截面面积时采用的方法，如图7-14所示。使用这种方法时先测出缺陷对声束全反射的高度 A，然后将探头做左右或前后移动，使

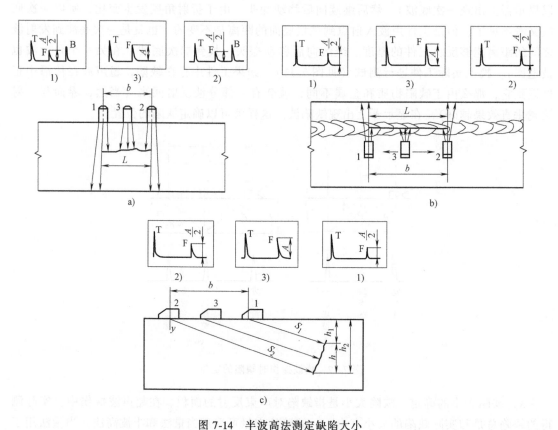

图 7-14　半波高法测定缺陷大小
a) 直探头测定缺陷大小　b) 斜探头测定缺陷大小　c) 半波高法测定缺陷的大小

缺陷波的高度为 $A/2$，波高为一半时相当于探头正对缺陷边缘，那么这时缺陷的长度 h 和探头移动的距离 b 之间的关系就是 $h = b\cot\beta$。

4) 距离-波幅曲线。如果探头移动时，缺陷波高度变化很大，很难找出固定的最高反射波，而且缺陷的范围大于该处声束截面（典型的缺陷有气孔群或夹渣群），可根据 NB/T 47013.1 ~ 47013.6—2015，用距离-波幅曲线（见图 7-15）对缺陷定量。曲线是按所用的探头、仪器和试块实测绘制的，表示焊件的底波和各种缺陷波与探测距离之间的相对关系。曲线图由判废线 RL、定量线 SL、评定线 EL 组成。EL 与 SL 之间为 I 区，SL 与 RL 之间为 II 区，RL 以上为 III 区。

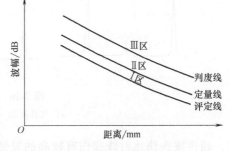

图 7-15 距离-波幅曲线

5) 缺陷的评定标准（GB/T 11345—2013）。

① 超过评定线的缺陷波，应判别是否具有裂纹等严重缺陷的特征。可以改变探头角度，增加探伤面或配合其他检验方法做出判定。

② 最大反射波幅不超过评定线的缺陷以及反射波幅位于 I 区的非裂纹性缺陷，均评为 I 级。

③ 最大反射波幅位于 II 区的缺陷，根据缺陷的指示长度 L 评级（见表 7-2）。

表 7-2 缺陷的等级分类

检验等级[①] 板厚 T/mm 评定等级	A	B	C
	8~50	8~300	8~300
I	$L=2T/3$，但最小 12mm	$L=T/3$，最小 10mm，最大 30mm	$L=T/3$，最小 10mm，最大 20mm
II	$L=3T/4$，最小 12mm	$L=2T/3$，最小 12mm，最大 50mm	$L=T/2$，最小 10mm，最大 30mm
III	$L=T$，最小 20mm	$L=3T/4$，最小 16mm，最大 75mm	$L=2T/3$，最小 12mm，最大 50mm
IV	超过 III 级者		

① 根据质量要求，检验等级分 A、B、C 三级。A 级最低，B 级一般，C 级最高，应按产品技术条件由供需双方确定检验等级。

④ 最大反射波幅超过评定线的缺陷，当判定为裂纹时，无论波幅和尺寸如何，均评为 IV 级。反射波幅位于 III 区的缺陷，无论其指示长度是多少，也均评定为 IV 级。

压力容器纵缝中的缺陷按 I 级评定；环缝中的缺陷按 II 级评定，超过者评为不合格。不合格的缺陷应返修，然后再按原探伤条件复检。

6) 缺陷性质的确定。图 7-16 所示为接头中典型缺陷的波形特征。当然，单从波形来分析缺陷性质只是一个方面，最重要的还是根据材料的焊接性、结构的特点、施工工艺等判断容易出现哪种性质的缺陷，再结合实测的结果（缺陷的位置、大小和方向等）对缺陷的进行综合分析。对缺陷的定性往往需要有经验的人判断才行。

（5）超声波探伤的应用与特点　超声波探伤是无损探伤技术中的一种主要检测手段，不但可用于锻件、铸件和焊件等加工产品的检测，也可用于板材、管材等原材料的检测。

超声波探伤与 X 射线探伤相比，其优点是：对于平面形缺陷，当声束垂直于缺陷平面

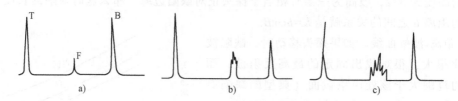

图 7-16　典型缺陷的波形特征

a) 气孔波形　b) 裂纹波形　c) 夹渣波形

时，超声波探伤比射线探伤有较高的灵敏度，而且超声波探伤周期短，对探伤人员无危害，费用较低。缺点是：不能直接记录缺陷的形状，对缺陷定性需要有丰富的经验，不适于检测奥氏体铸钢件，因为粗大的树枝状奥氏体晶粒和晶间沉淀物引起的散射会影响检测的进行。国外多偏重于应用射线探伤，我国则多应用超声波探伤。

7.3.4　其他非破坏性检查

1. 焊接接头强度试验

焊接接头强度试验通过对产品进行超载试验来判断接头强度以及受压元件（一个结构，如整个容器）合不合格。

（1）水压试验　水压试验的目的是检查焊缝和密封元件的紧密性和接头以及受压元件的强度，所以试验应在除最终热处理工序外所有生产工序完成后进行。

（2）气压试验　气压试验用于对气密性要求特别高的容器或排水困难的容器。

2. 致密性检查（泄漏试验）

致密性检查主要是对焊缝致密性和结构密封性进行检查。致密性检查应在外观检查后进行，用于检查容器焊缝内是否有贯穿性裂纹、气孔、夹渣和未焊透等缺陷。致密性检查的方法按结构设计要求及制造条件分为：①气密性试验；②氨气试验；③煤油试验；④真空试漏法。

3. 硬度检验

无损检测的硬度试验是在产品的接头区检测硬度，目的是对产品直接进行检测，以判断焊接工艺或制造过程（主要是热处理）是否符合技术要求。这种检测过去我国很少用，而国外则应用较多。瑞士产的 EQUOTIP 便携式数显硬度计像一支钢笔，可在工件上的任意位置检测硬度。接头区的硬度一般检测三个部位，即焊缝、热影响区和母材，以兹比较。特别是局部返修后，测定硬度有助于判断是否需要对工件进行热处理，或判断热处理效果是否良好。

参 考 文 献

[1] 李亚江, 等. 特种焊接技术及应用 [M]. 北京: 化学工业出版社, 2011.
[2] 曹朝霞. 特种焊接技术 [M]. 2 版. 北京: 机械工业出版社, 2014.
[3] 陈云祥. 焊接工艺 [M]. 北京: 机械工业出版社, 2012.
[4] 胡绳荪. 焊接自动化技术及其应用 [M]. 北京: 机械工业出版社, 2017.